Das Spiel mit den bildnerischen Mitteln
Herausgegeben von
Ernst Röttger und Dieter Klante

Werkstoff Metall

Heinz Ullrich, Dieter Klante
unter Mitarbeit von Ernst Röttger

Otto Maier Verlag Ravensburg

CIP-Kurztitelaufnahme der Deutschen Bibliothek

Das Spiel mit den bildnerischen Mitteln /
hrsg. von Ernst Röttger u. Dieter Klante. –
Ravensburg: Maier

NE: Röttger, Ernst [Hrsg.]

Werkstoff Metall / Heinz Ullrich . . . –
7., bearb. Aufl. – 1984
ISBN 3-473-61312-6

NE: Ullrich, Heinz [Mitverf.]

7., bearbeitete Auflage

Umschlagentwurf: Achim Köppel
Satz: Hubert Ruderer, Grünkraut
Gesamtherstellung: Druckerei Uhl, Radolfzell
Printed in Germany

87 86 85 84 10 9 8 7

ISBN 3-473-61312-6

Inhalt

Einführung

Diese Buchreihe wendet sich an alle, denen bildhaftes Gestalten Freude macht. Sie soll nicht nur Pädagogen und Kunstschaffende ansprechen, sondern auch all jene, die gern zeichnen, malen, formen möchten, aber zu wenig Zutrauen zu ihren Fähigkeiten haben.
Jeder Mensch ist bildnerisch begabt. Das Kind beginnt spontan zu kritzeln, zu zeichnen, zu malen, zu bauen, und ohne ein besonderes Zutun von außen entfaltet sich die ganze Fülle einer kindlichen Bildwelt, die in Phantasie, Einfallsreichtum und bildnerischer Ausdruckskraft den Vergleich mit Werken der großen Kunst nicht zu scheuen braucht.
Jugendliche und Erwachsene haben diese kindliche Unbekümmertheit weitgehend verloren. Zu hohe Ansprüche, ein einseitig verengtes Kunstverständnis und die vermeintliche eigene Unzulänglichkeit haben Barrieren aufgebaut.
Wir wollen in dieser Buchreihe einen Weg weisen, der geeignet ist, die Bildsprache des Heranwachsenden über kritische Entwicklungsphasen hinaus zu erhalten und weiterzuentwickeln, und der auch dem Erwachsenen die Möglichkeit eröffnet, wieder zu einem ursprünglich-kreativen Tun zurückzufinden.
Wir nehmen hierbei den Ansatz vom Spiel, das in seiner Bedeutung für den Menschen von Schiller in den „Briefen über die ästhetische Erziehung des Menschen" so trefflich definiert ist: „... der Mensch spielt nur, wo er in voller Bedeutung des Wortes Mensch ist, und er ist nur da ganz Mensch, wo er spielt." Und wir wählen aus pädagogischer Sicht das Spiel als eine besondere Form des Lernens.
Spielen, Lernen, spielendes Lernen sind Schlüsselbegriffe im Spiel mit den bildnerischen Mitteln, das Spiel und Gestalten zusammenführt.
Spiel mit bildender Kunst in Verbindung zu bringen, mag ungewöhnlich erscheinen. Der Begriff Spiel ist uns, wenngleich in anderer Sinngebung, im Bereich der Künste nur bei der Musik und beim Schauspiel geläufig. Die Arbeitsmethoden führender bildender Künstler unserer Zeit bestätigen uns jedoch, daß man hier sehr wohl von einem Spiel sprechen kann, gehen doch viele von ihnen nicht von einer vorgefaßten Idee aus, der die bildnerischen Mittel untergeordnet werden, sondern von den Eigenschaften und der Ausdruckskraft der Mittel selbst und entdecken, gleichsam im Spiel, neue künstlerische Werte. Was heißt bildnerische Mittel? Wir fassen diesen Begriff weit und verstehen

darunter formale und materiale Mittel. Formale Mittel sind die Bildelemente Punkt, Linie, Fläche, Farbe, Körper, Raum sowie die Ordnungsprinzipien wie Reihung, Streuung, Musterung, Figuration, Kontrastierung u. a. Als materiale Mittel bezeichnen wir die Werkstoffe, die Werkzeuge und Verfahrenstechniken.
Das Spiel mit den bildnerischen Mitteln trägt als besonderes Merkmal, daß es weder zweckgerichtet noch in seinem Ziel festgelegt ist. Es bleibt im Ergebnis offen und gewährt damit ein weithin unbeschwertes Tun. Im Spiel werden Entdeckungen gemacht. Es hält Überraschungen bereit. Der Zufall beschenkt. Das Erfahrene und Zugefallene wird gewertet, in Besitz genommen und bewußt angewandt. Spätestens hier mündet Spiel ein in Gestalten.
Beim Spiel können wir verschiedene Formen unterscheiden. Die freieste Form ist das offene, ungelenkte Spiel. Es findet seine besondere Anwendung im Erkunden von Materialien und Ausprobieren von Verfahren. In der spielerischen Materialbehandlung werden wichtige Lernerfahrungen gemacht, Eigenschaften der Werkstoffe entdeckt und bildnerische Ausdrucksmöglichkeiten gefunden.
Eine andere Form des Spiels ist das gelenkte Spiel. Sein Verlauf wird von Regeln bestimmt. Die meisten Spiele dieser Buchreihe gehören zu dieser Kategorie, den Regelspielen. Sie sind in erster Linie Ordnungs- und Gliederungsspiele. Unter didaktischem Aspekt haben sie den Vorzug, daß die bildnerischen Mittel, durch Spielregeln eingegrenzt, überschaubar bleiben und in ihrer Eigengesetzlichkeit leichter erfahrbar werden. Die Regeln für dieses Spiel müssen eindeutig sein. Sie stecken den Bewegungsraum ab, dessen Grenzen für jeden verbindlich sind, gliedern den Spielverlauf, bestimmen Richtung und Tendenz. Im einzelnen werden sie die Werkstoffe, die Verfahren, die zu verwendenden Bild- und Formelemente und deren Ordnungen festzulegen haben.
Die Buchreihe enthält neben offenen und gelenkten Spielen auch eine Reihe von Gestaltungsaufgaben. Während es im Spiel mehr um den Prozeß, die Auseinandersetzung mit den bildnerischen Mitteln geht, ist die Gestaltungsaufgabe auf die Realisierung einer Bildidee gerichtet. Ausgangspunkt ist eine inhaltliche Zielvorstellung, zu deren Verwirklichung bildnerische Mittel eingesetzt werden. Das Entwerfen und Herstellen von Spielzeug, Gerät und Gebrauchsform ist eine Gestaltungsaufgabe.
Spiel und Gestaltung stehen in enger Wechselbeziehung. Das Spiel mit den bildnerischen Mitteln ist spielendes Gestalten und gestaltendes Spiel. Ein Spiel kann in

Gestaltung einmünden; wie auch spielerische Elemente Teil einer Gestaltung sein können.
Die Bände dieser Reihe sind vom Bild her konzipiert. Information und Anregung sollen primär vom Bild ausgehen. So sind die Texte kurz gehalten, und das Wort bleibt in Verbindung mit dem Bild darauf beschränkt, die Bildaussage zu ergänzen und nötigenfalls zu erläutern.
Die Abbildungen zeigen Ergebnisse von Spiel- und Gestaltungsaufgaben von Kindern, Jugendlichen, Erwachsenen, Laien und erste Übungen von Studenten. Kinder- und Schülerarbeiten sind, da für den Lehrer von besonderem pädagogischem Interesse, durch Angabe von Geschlecht und Alter gekennzeichnet. Wir haben die abgebildeten Arbeiten nach formaler Qualität ausgewählt. Sie sollen Beispielcharakter haben. Diese Bilddokumentation darf nicht als eine Rezeptsammlung verstanden werden. Wir können bloßes Nachahmen nicht verhindern, jedoch liegt hier die Gefahr der Verkümmerung zum Formalismus, zum Klischee. Das Spiel mit den bildnerischen Mitteln schließt eine mechanische Aneignung im Sinne des Vormachens und des Nachahmens aus. Es setzt gerade die produktiven Kräfte frei, die das eigene Tun, das Selbstfinden und Entdecken bedingen. Nur so darf es verstanden werden.
Hier sei noch ein Wort an den Lehrer angefügt. Das Spiel mit den bildnerischen Mitteln nimmt nicht für sich in Anspruch, die Methode des Kunstunterrichts schlechthin zu sein. Kunstunterricht ist ein so vielschichtiges Gefüge, zudem in Inhalten und Zielsetzungen ständiger Entwicklung unterworfen, daß *eine* Lernmethode ohnehin nicht der Sache gerecht werden könnte. Der Lehrer wird in seiner Unterrichtsplanung eigenverantwortlich seine didaktisch-methodischen Entscheidungen zu treffen haben. Er allein muß bestimmen, wann und mit welchem Stellenwert er Lernformen des Spiels in seinen Unterricht einbezieht.

Der Werkstoff Metall

In unserem technischen Zeitalter drängen die Kunststoffe immer stärker in den Vordergrund und ersetzen in zunehmendem Maße herkömmliche Materialien. Dennoch behaupten die metallischen Werkstoffe unangefochten ihre dominierende Rolle. Ohne sie wäre der hohe Stand technischer und industrieller Entwicklung nicht denkbar. Im Laufe einer jahrtausendelangen geschichtlichen Entwicklung hat das Metall als einer der ältesten Werkstoffe der Menschheit die Dingwelt unserer Kultur entscheidend geprägt. Um so verwunderlicher ist es, daß gerade dieser bedeutende und bildnerisch so ergiebige Werkstoff in so geringem Maße zu gestaltender Werkarbeit herangezogen wird.
Steht hier die Meinung im Weg, zur Bearbeitung dieses harten Materials bedürfe es besonderer handwerklicher Einrichtungen mit Spezialwerkzeugen und Maschinen? Sicher, gerade die metallverarbeitende Industrie bedient sich komplizierter Maschinen und hochentwickelter Produktionsverfahren. Aber dennoch läßt sich mit einer bescheidenen Grundausrüstung an Werkzeugen eine Fülle bildnerisch interessanter Arbeiten durchführen.
Aufgabe dieses Buches soll es sein, den so spröden Werkstoff dem gestaltenden Zugriff zu erschließen und jeden Interessierten zu Gestaltsuche und Gestaltfindung zu ermutigen.
Aus der Vielzahl der Metallwerkstoffe wählen wir im Rahmen dieses Buches nur diejenigen aus, die für elementare Werkarbeit geeignet sind. Als Grundmaterialien bieten sich Draht, Blech, Gewebe und Stabmaterial an. Untersuchen wir kurz diese Werkstoffformen auf ihre materialen Eigenschaften und die formalen Möglichkeiten.
Der Draht hat als bildnerisches Mittel den Charakter der plastischen Linie, die sich sowohl in der Fläche ordnen als auch frei in den Raum führen läßt. Er ist somit der ideale Werkstoff für raumplastische Gebilde mit linearem Charakter.
Drähte gibt es in verschiedenen Härtegraden: weich, mittelhart, hart. Wir verwenden Drähte aus Stahl (Eisen), Kupfer, Messing und Aluminium, verzinkten, verkupferten und vermessingten Stahldraht in den Stärken von 0,2–4 mm. Im spielerischen Umgang erkunden wir seine materialen Eigenschaften, erfahren Festigkeit, Sprödigkeit, Schmied-

barkeit, Biegsamkeit, Elastizität und nehmen von hier den Weg zu Gestaltaufgaben. Das gleiche gilt für Blech und Gewebe.
Das Blech hat im bildnerischen Sinne flächenhaften Charakter. Es läßt sich biegen, schneiden und verformen, wie wir es z. B. vom Treiben eines Gefäßes her kennen. Bleche werden im Walzverfahren hergestellt. Sie sind schon ab 0,2 mm Stärke erhältlich. Noch dünner gewalzte Bleche bezeichnet man als Folien. Wir verwenden in der Hauptsache Bleche aus Aluminium, Kupfer, Messing und Stahl (Eisen). Am bekanntesten sind Schwarzblech (Stahlblech) und Weißblech (verzinntes Blech). Dünne Bleche und besonders Folien bieten geringen Materialwiderstand. Sie können mit einfachsten Werkzeugen bearbeitet werden, so daß bereits das Kind an ihnen Grunderfahrungen mit Metall machen kann.
Drahtgewebe sind in ihrer Struktur dem textilen Gewebe verwandt. In bildnerischer Hinsicht haben sie Flächencharakter mit den besonderen Merkmalen von Leichtigkeit und Transparenz. Sie werden u. a. aus Messing-, Kupfer- und verzinktem Stahldraht angefertigt. Für unsere Arbeiten eignen sich Gewebe, die eine nicht zu große Maschenweite haben. Die bildnerischen Formmöglichkeiten reichen der Struktur des Gewebes entsprechend von den Variationsmöglichkeiten des Gewebes selbst (Verschieben der Maschen, Lochen, Ausfransen, Ausziehen von Drähten, Biegen, Schneiden, Falten) bis zu den zahlreichen Kombinationsmöglichkeiten mit Draht und Blech. Wie das Blech kann auch das Drahtgewebe flächenhafter Bildträger sein, wenn andere Metallteile auf das Gewebe appliziert werden.
Stabmaterialien sind Metallprofile, körperhaft-plastische Formen, die es in verschiedenen Abmessungen und Werkstoffen gibt. Im Rahmen elementarer Werkarbeit fertigen wir aus Stabmaterialien einfache Gebrauchsformen.
Nagel, Niet und Schraube haben als konstruktive Hilfsmittel im bildnerischen Sinne punkthaften Charakter. Zusammen mit Draht, Blech, Gewebe und Stabmaterialien stehen damit für die Gestaltung die Bildelemente Punkt, Linie, Fläche und Körper zur Verfügung.
In Ergänzung zur Arbeit mit metallischen Werkstoffen ist als gesondertes Kapitel das Emaillieren aufgenommen. Damit erfährt die Arbeit mit Metall eine entscheidende Erweiterung in den Bereich der Farbe, von reinen Farbkompositionen mit Email bis zu den Verfahrenstechniken des Zellen- und Grubenschmelzes und der Kombination von Email und Blechteilen.

Alle diese Werkstoffe sind leicht und preisgünstig zu beschaffen. Vergessen wir nicht die Blechschachteln, Dosen, Konservenbüchsen oder Verpackungsdrähte, die als sogenannte Abfallstoffe kostenlos Material hergeben, vor allem aber als Ausgangsformen und als vorgeformte Elemente für die verschiedensten Aufgaben – besonders im konstruktiven Bereich – bildnerisch äußerst wertvoll sind.
Wie die Werkstoffe haben wir auch die Werkverfahren auf einfache Techniken beschränkt. Selbst Verfahren wie Gießen, Ätzen und Emaillieren lassen sich mit einfachen Mitteln durchführen.
Zu einer Grundausstattung an Werkzeugen gehören als komplizierteste Geräte der Lötkolben und bei einigen wenigen Arbeiten das Hartlötgerät. Für Emailarbeiten benötigen wir einen kleinen Emaillierofen.
Die wesentlichsten Hinweise über Werkstoffe, Werkzeuge und Werkverfahren sind am Ende des Buches kurz zusammengefaßt.

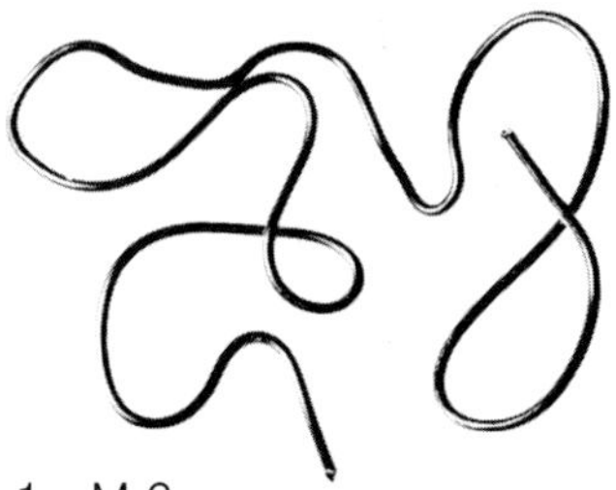
1 M 6

2 M 8

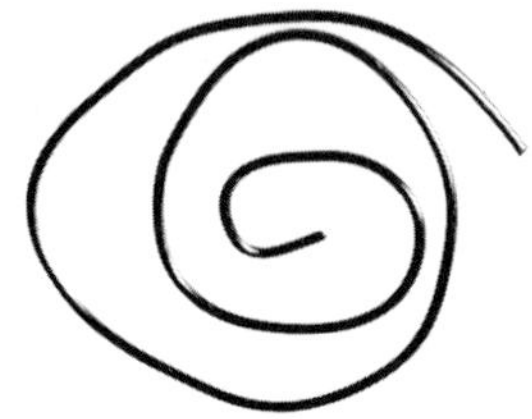
3 M 7

4 M 7

5 J 7

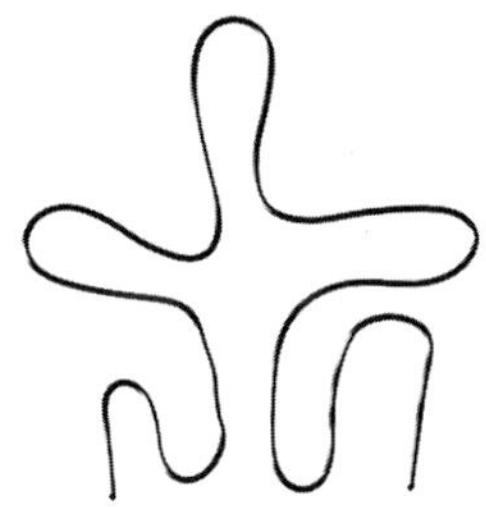
6 M 7

Das Formen mit Draht

Biegen

Draht ist das geeignete Material für erste Grunderfahrungen mit dem Werkstoff Metall. Als körperhafte Linie drückt er Richtung und Bewegung aus. Beim Gestaltungsvorgang sind nicht nur die Augen beteiligt, sondern auch die Tastempfindungen der Hand. Die Finger, die einen Draht biegen, erfahren seine materialen Eigenschaften. Drähte können leicht und schwer, dick und dünn, zäh und spröde sein. Ihr unterschiedlicher Materialcharakter läßt schon bei einfachen Biegearbeiten eine Fülle von bildnerischen Ausdrucksmöglichkeiten zu.
Abb. 1 – 6: Einfache Drahtarbeiten von Kindern, mit den Fingern gebogen. Material: weicher Aluminiumdraht, 1 mm.

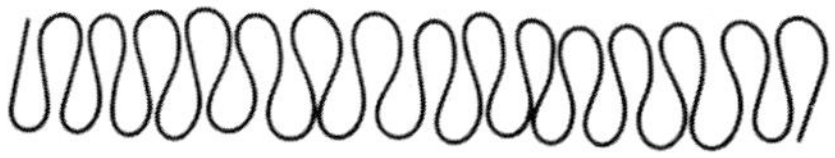
7

8

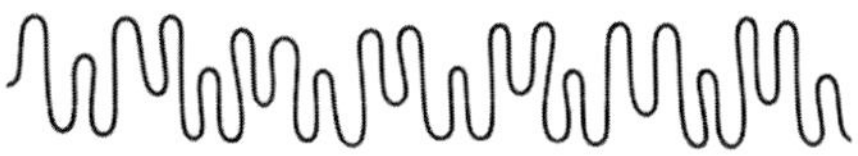
9

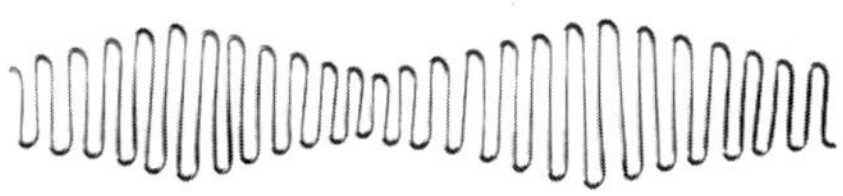
10 M 14

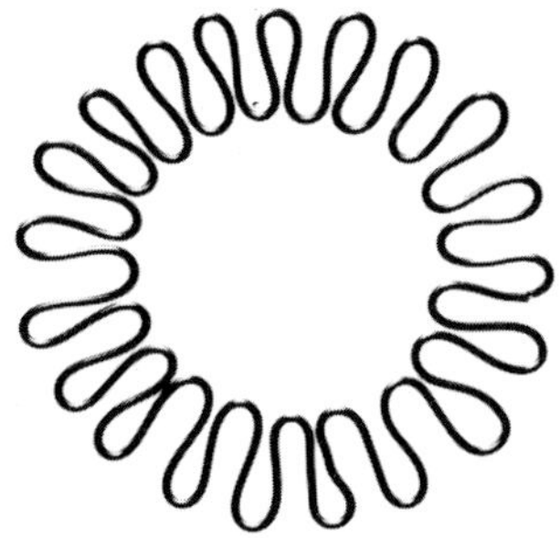
11 M 14

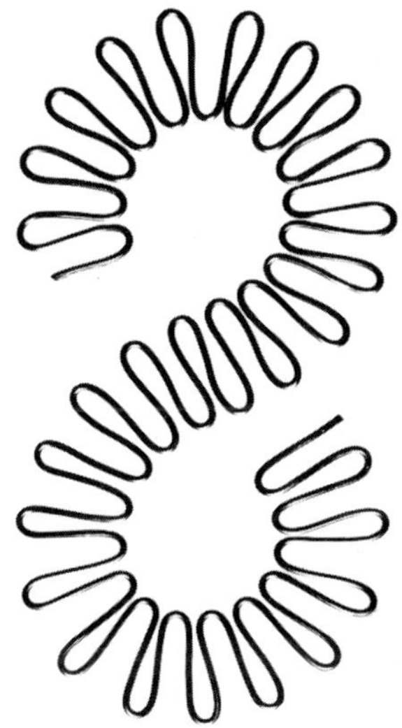
12 M 14

13 M 10

14 J 12

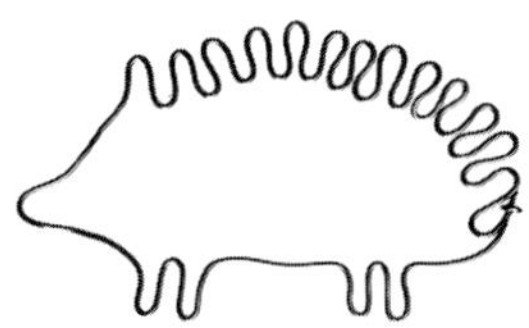
15 J 9

16 J 12

Das probierende Spiel mit dem leicht zu bearbeitenden Werkstoff führt zu Formen, die der Kritzelstufe im Zeichnen entsprechen. Vom ungeordneten Biegen (Abb. 1) führt der Weg über „Girlande“ (Abb. 2), Spirale (Abb. 3), Verknotung (Abb. 4), Flächenform (Abb. 5) bis zum Zeichen (Abb. 6). In diesen spontanen Formen sind bereits keimhaft elementare Arbeitsverfahren, Ordnungsprinzipien und Inhalte erkennbar.

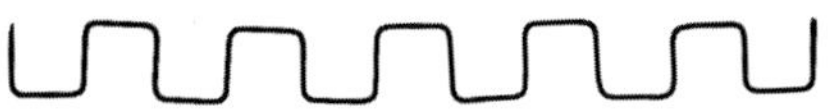
17 J 13

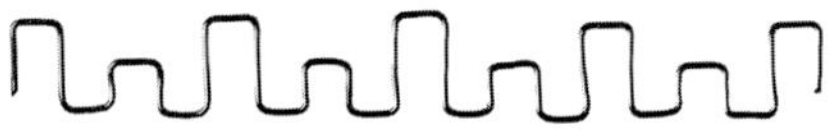
18 J 13

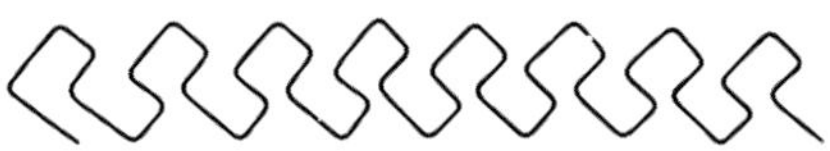
19

20

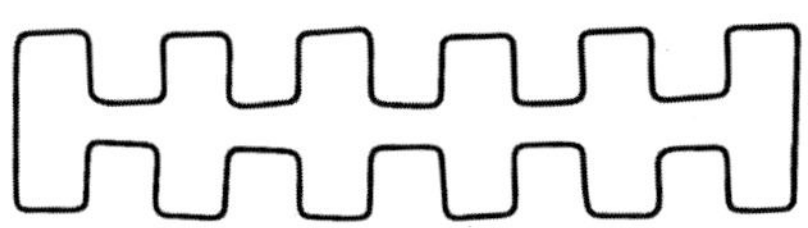
21 J 13

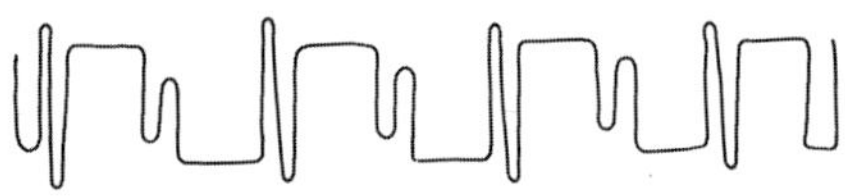
22

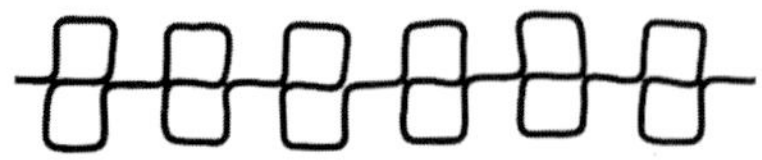
23

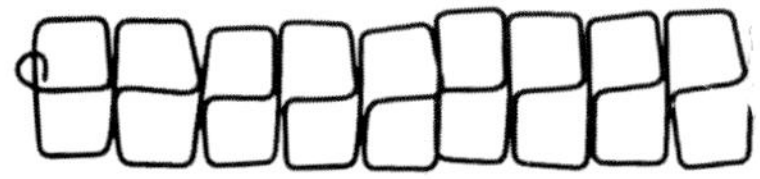
24

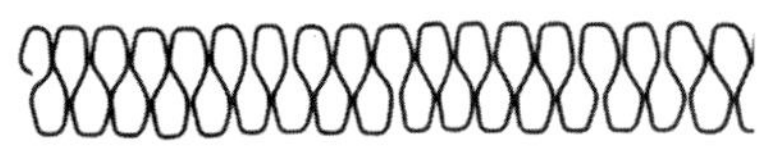
25

26

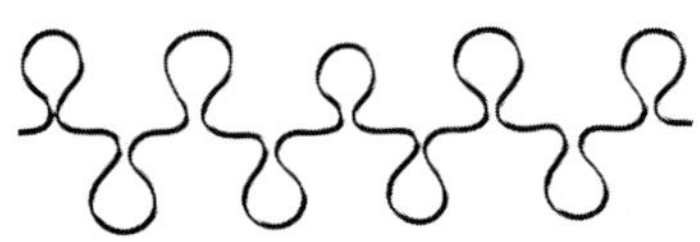
27 M 14

28

29 M 14

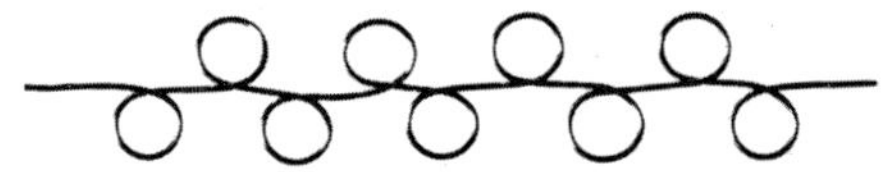
30 M 14

31

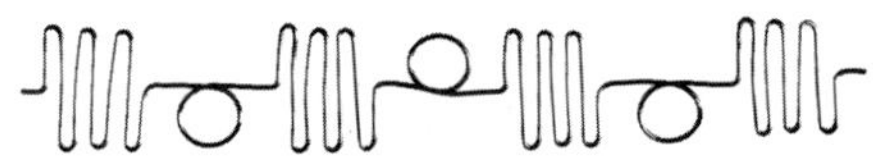
32

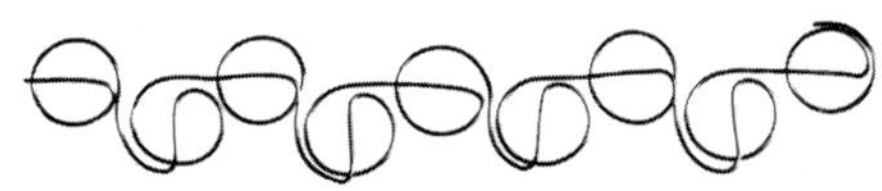
33

34

Abb. 7–12: Variationen der Wellenlinie, mit der Hand gebogen. Reihung gleicher Formen (Abb. 7). Wechsel von großen und kleinen Formen (Abb. 8 und Abb. 9), an- und abschwellendes Wellenband (Abb. 10).
Abb. 11, 12: Wellenförmige Drahtbänder sind in der Fläche kurvig gebogen und bilden offene und geschlossene Formen.
Abb. 14 – 16: Figürliche Drahtarbeiten von Kindern, Material: weicher Aluminiumdraht.
Abb. 17– 34: Bei diesen Übungen wurde der Biegevorgang durch vorher festgelegte Spielregeln gesteuert. Das Werkzeug, die Art der Linienführung (gebogen und eckig) und die Form (Bandcharakter) wurden vorbestimmt. Bei der Gliederung der Drahtbänder war auf eine gedachte horizontale Mittellinie oder auf entsprechende Parallelen

35

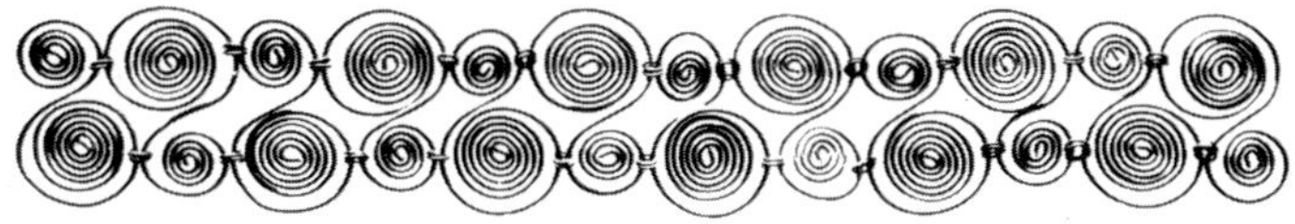

36

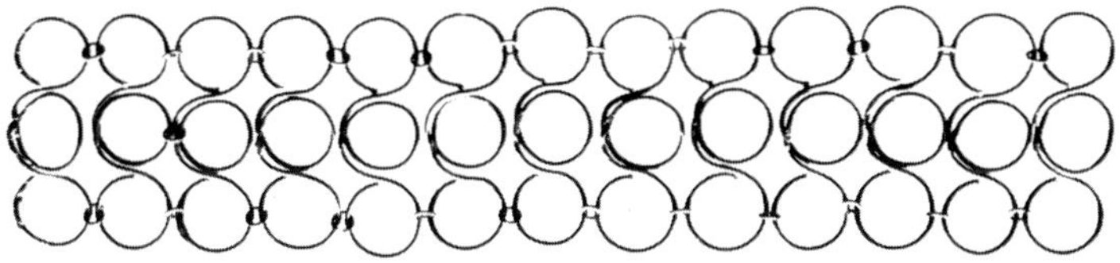

37

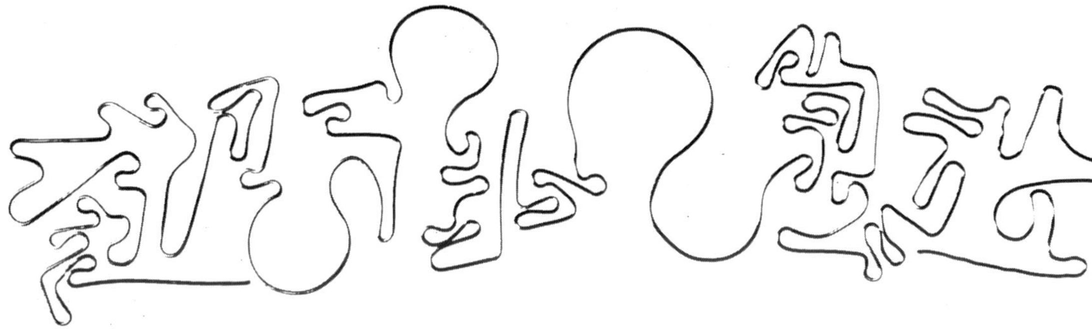

38

als Bezugs- und Begrenzungslinien zu achten. Der Charakter der Linienführung wird von dem benutzten Werkzeug mitbestimmt. Die Flachzange ermöglicht eckige Formen (Abb. 17 bis 21, Abb. 23 bis 26), die Rundzange und der runde Holzstab eignen sich für weiche, gebogene Formen (Abb. 27 bis 34)).
Material: weicher Aluminiumdraht, 1 mm, verzinkter Stahldraht (Eisendraht), 1,2 mm, Bindedraht, 0,6 mm.
Abb. 35, 37: Strenge Reihung gleicher Formen. Bei den Kreisformen wurden Holzrundstäbe zum Biegen benutzt, bei den winkligen Formen die Flachzange.
Abb. 36: Eine typische Drahtform ist die Spirale. Bei dieser Übung wurde sie als Grundform verwendet und mit Drahtringen zu einem Ornamentband verbunden.
Abb. 38: Eine Arbeit mit stark rhythmischem Ausdruck.

39

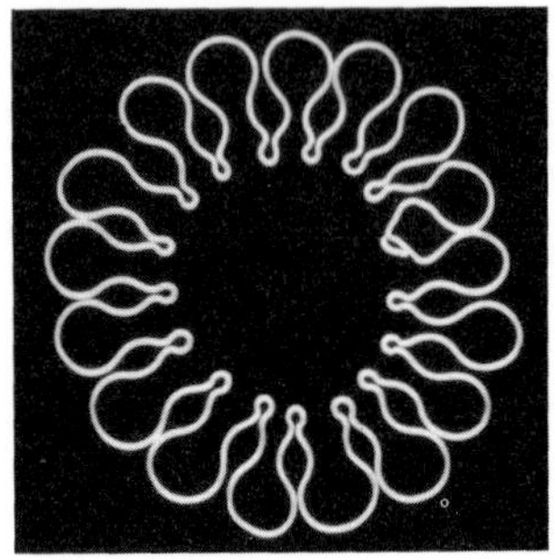

40

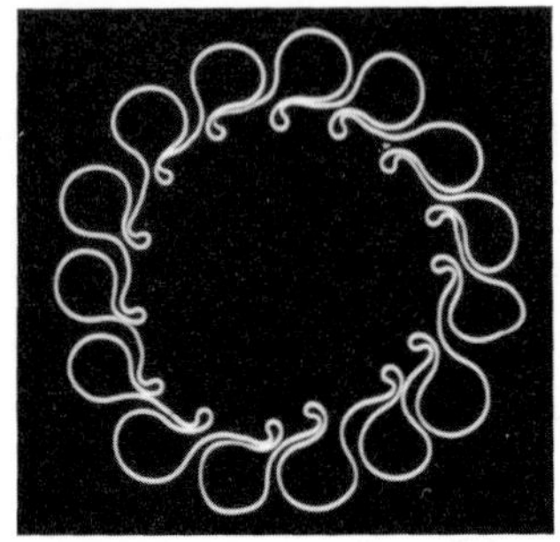

41

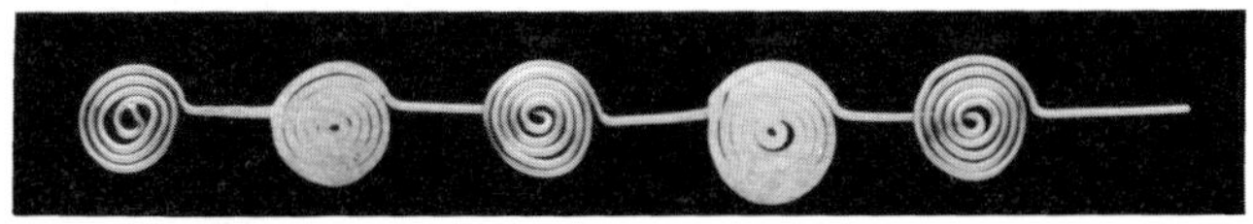

42

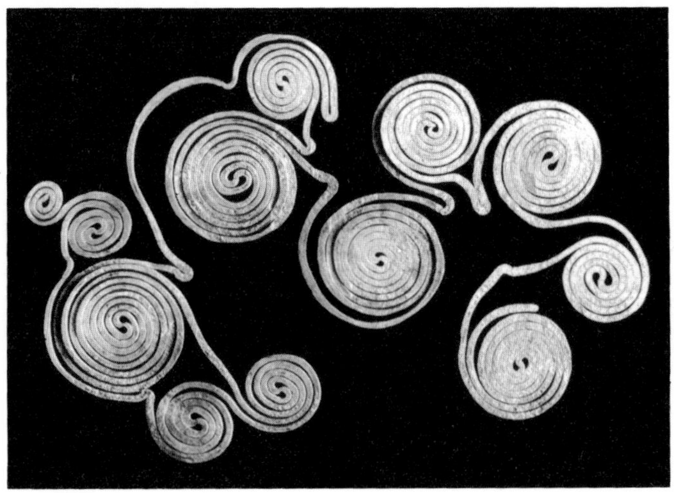

43

Abb. 39: Eine reich gegliederte Arbeit aus ineinandergehängten Drahtbändern.
Abb. 40 – 43: Vorübungen für Drahtschmuck. Die Spiralformen sind gehämmert.

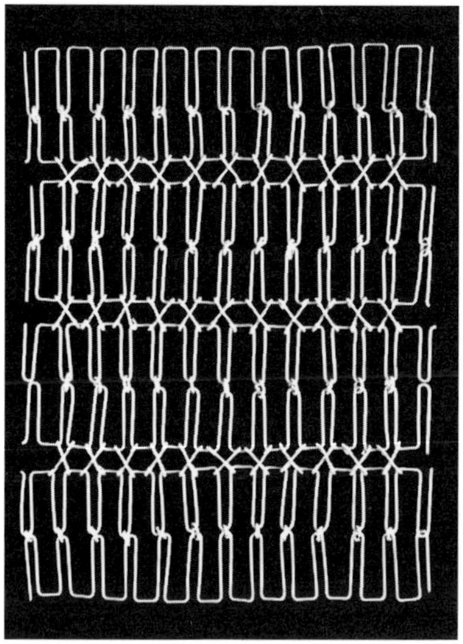

44

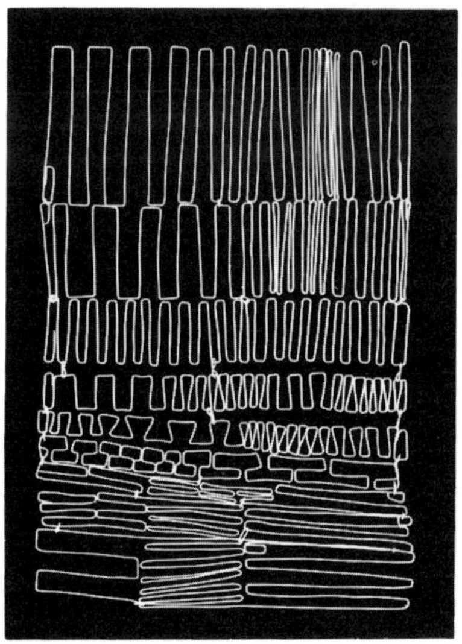

45

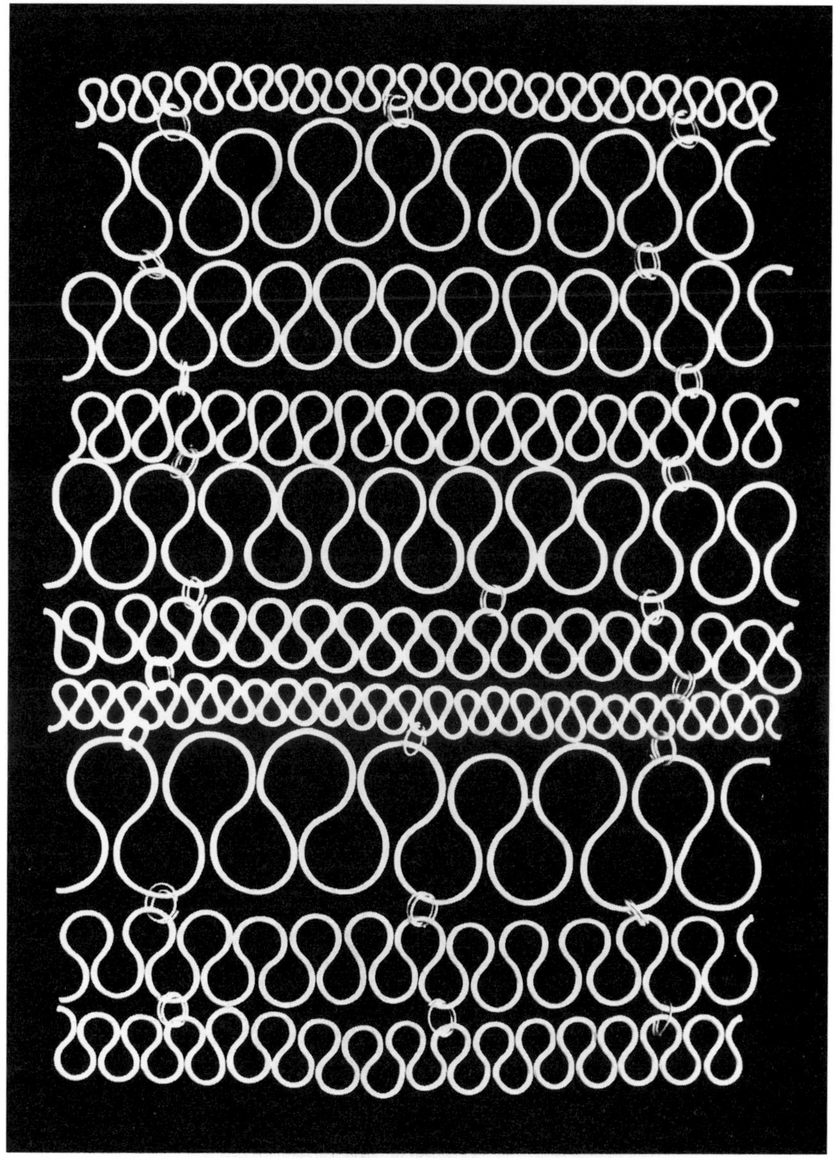

46

Abb. 44 – 46: Drahtbänder, durch Ösen beweglich verbunden und untereinander aufgehängt, ergeben Gehänge.

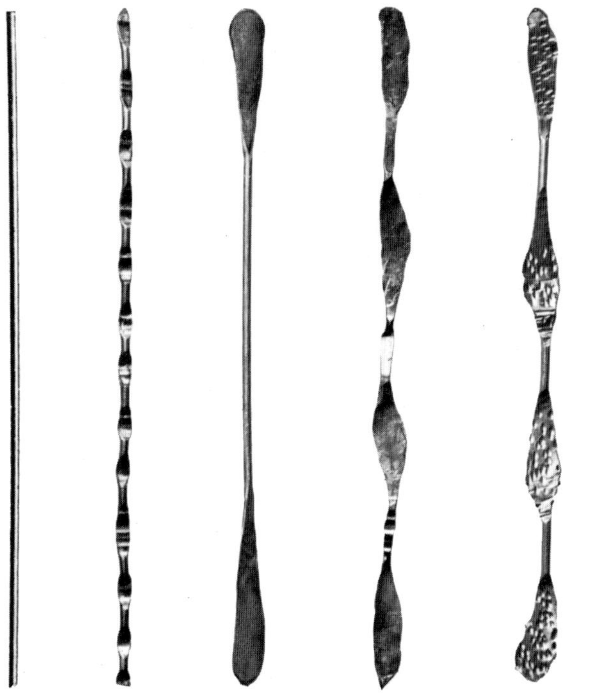

47 J 8 48 M 8 49 J 8 50 J 9

51 J 7

52 M 7

53 J 9

Hämmern von Draht

Weicher Draht läßt sich durch Hämmern auf einer Stahlunterlage verformen. Unter dem Druck des Hammerschlags weichen die Werkstoffteilchen seitlich aus. Die verdichteten Stellen werden fester und spröder. Die Abb. 60 und 61 zeigen den Grad der Schmiedbarkeit eines weichen Aluminiumdrahtes bis zum „Ausfransen".
Abb. 47–53: „Schmiedearbeiten" von Kindern. Als Werkzeuge wurden hierbei die flache Hammerbahn und die Finne des Hammers benutzt. Einfache Reihungen mit gehämmerten und ungehämmerten Formelementen. Material: weicher Aluminiumdraht, 1 mm stark.
Abb. 54 – 61: Formspiele mit „kaltgeschmiedetem" Aluminiumdraht. Als zusätzliche Werkzeuge und Hilfsmittel wurden flachgefeilte Nägel, Durchschläge und Flachzangen benutzt. Drahtstärke: 1,5 – 2,5 mm.

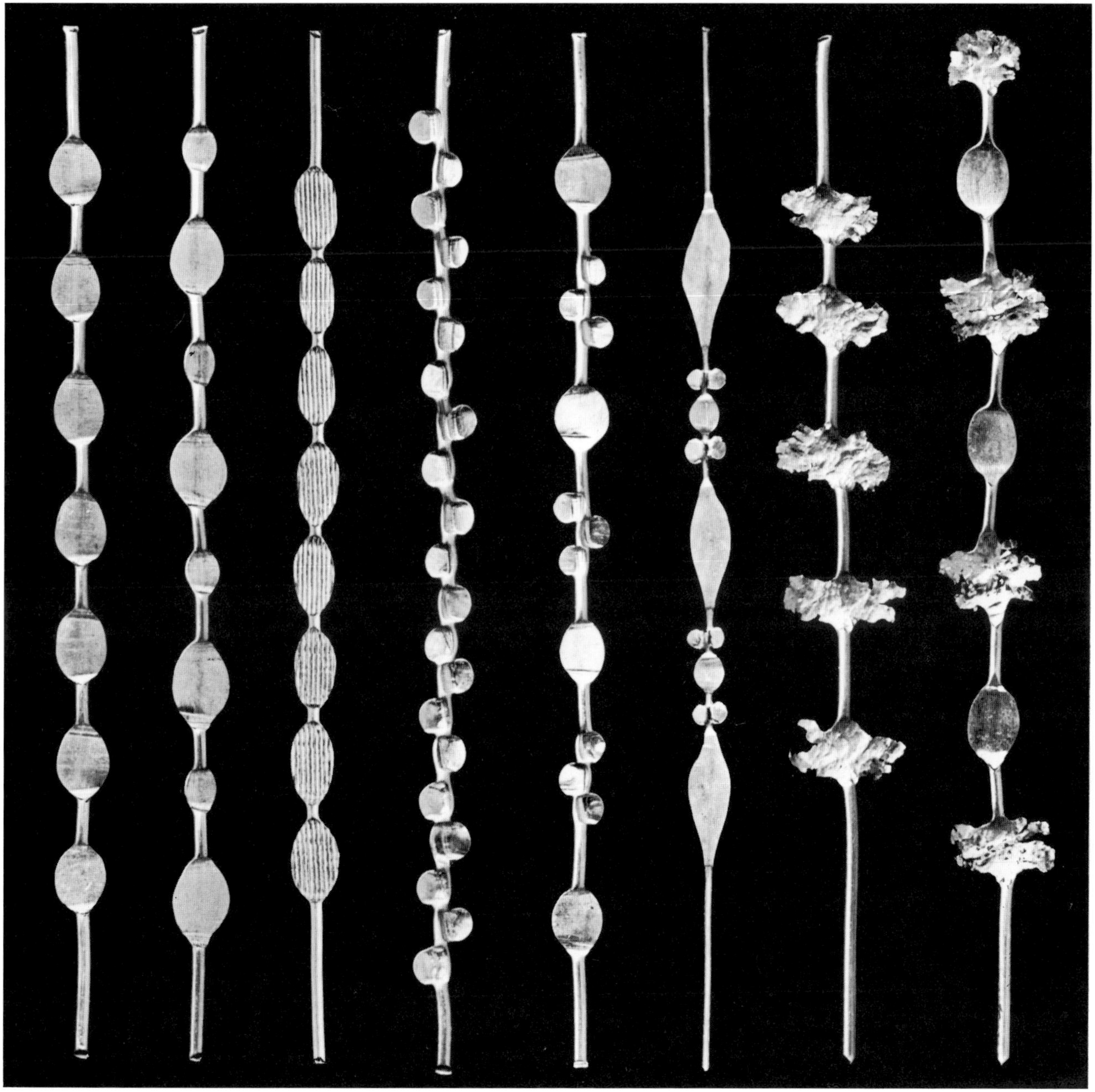

54 J 12 55 J 12 56 J 12 57 J 13 58 J 13 59 J 12 60 M 12 61 M 12

62

63

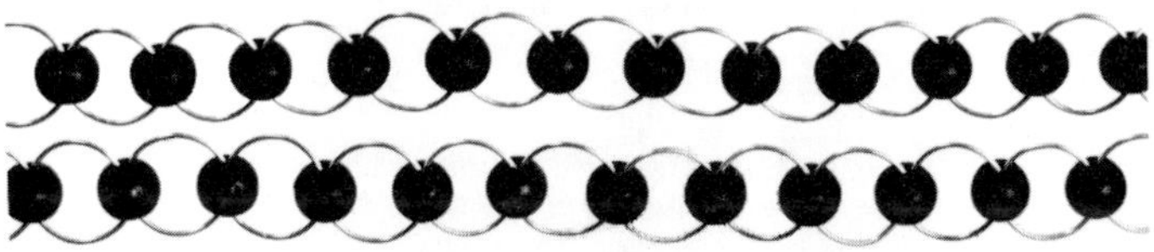

64

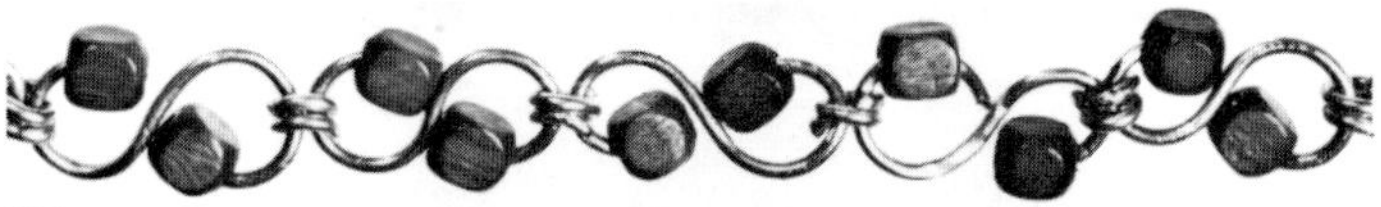

65

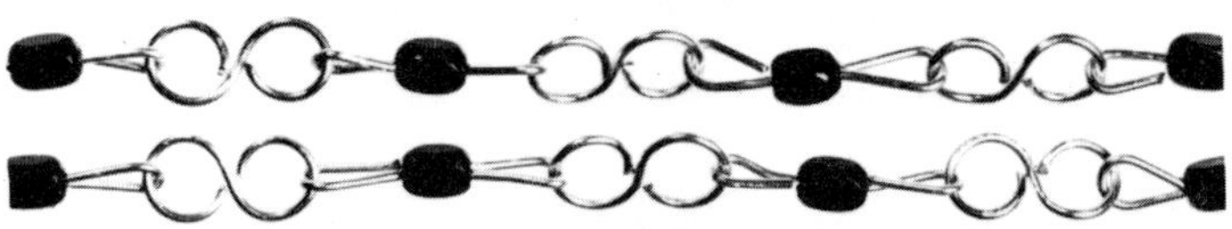

66

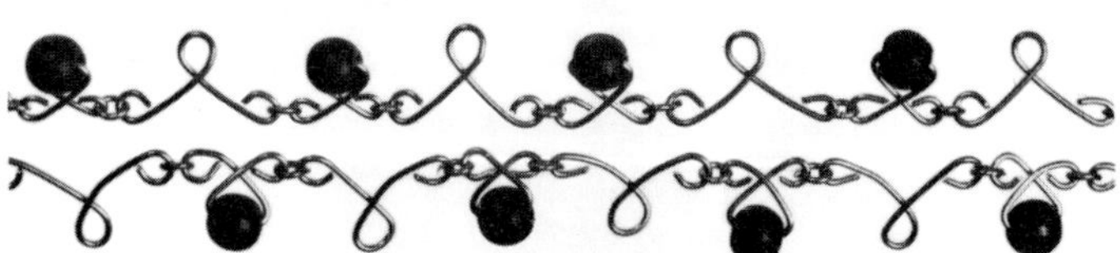

67

68

Drahtschmuck

Die Herstellung von Ketten beruht auf der Aneinanderreihung von Gliedern, die beweglich miteinander verbunden werden. Die Glieder sollten eine klare Form haben und in ihrer Größe mit der Drahtstärke korrespondieren. Ketten in der hier gezeigten Form lassen sich leicht herstellen, da sie nicht gelötet zu werden brauchen. Als Werkzeuge benötigt man eine kleine Rundzange, eine Flachzange und einen Seitenschneider. Um runde Kettenglieder herzustellen, wickelt man den Draht auf Rundhölzer oder Metallstäbe. Von der entstandenen Spiralfeder werden ein- oder mehrfache Ringe abgetrennt und als Grundelemente verwendet (Abb. 62 bis 66, Abb. 70). Andere Gliederformen können mit der Rund- und Flachzange oder mit der Biegeschablone (Abb. 67 bis 69, Abb. 71 bis 73) hergestellt werden. Für Drahtschmuck eignen sich gut Kupfer-, Messing- und leonische Silberdrähte (versilberte Kupferdrähte).

69

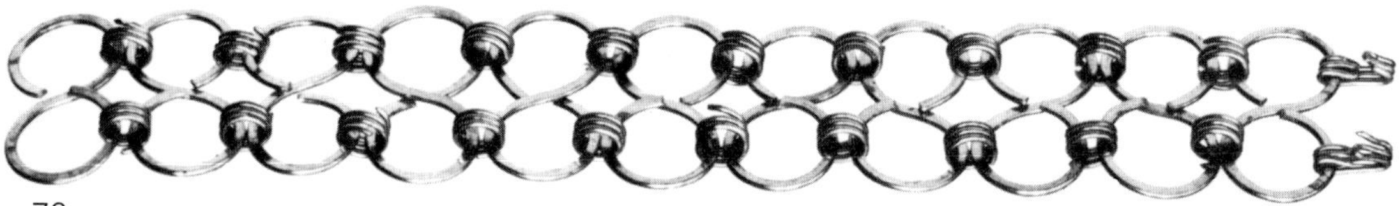
70

71

72

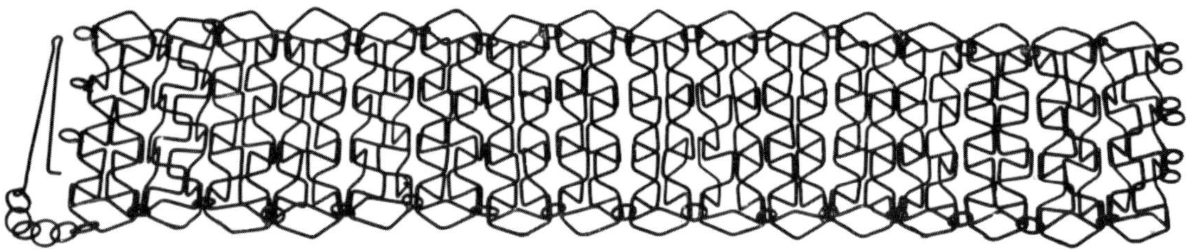
73

74

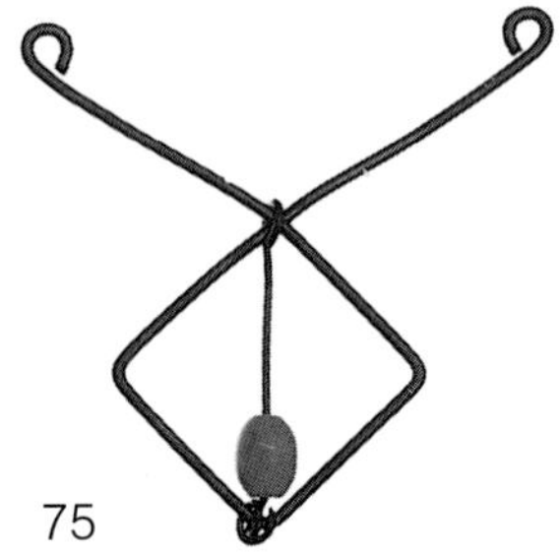

75

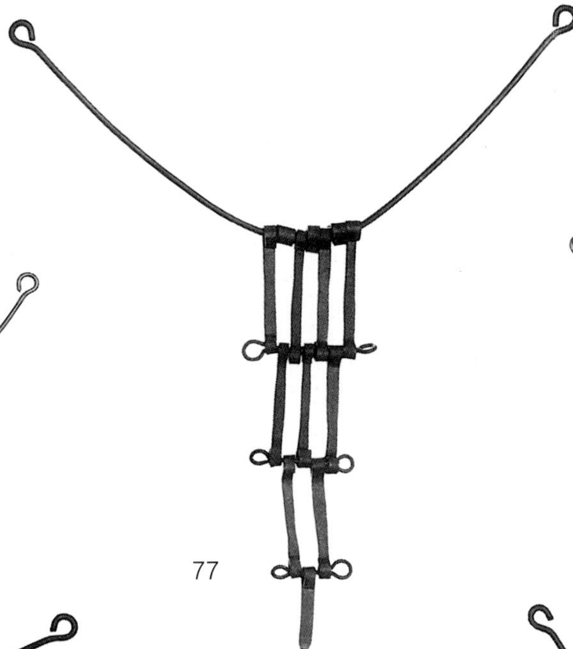

77

76

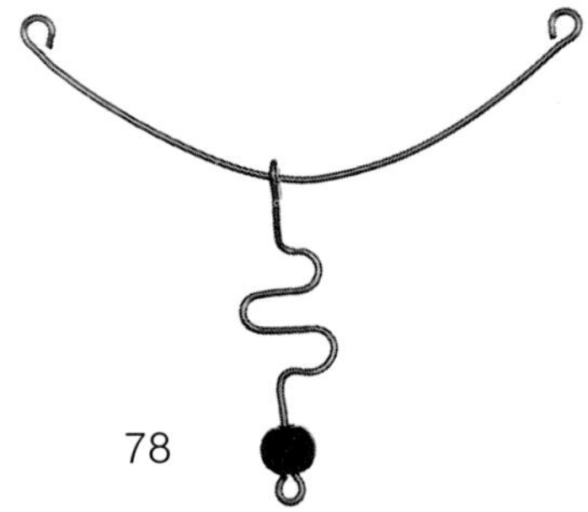

78

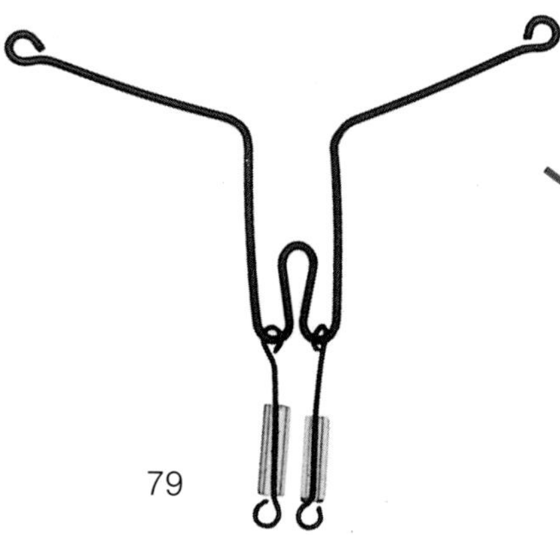

79

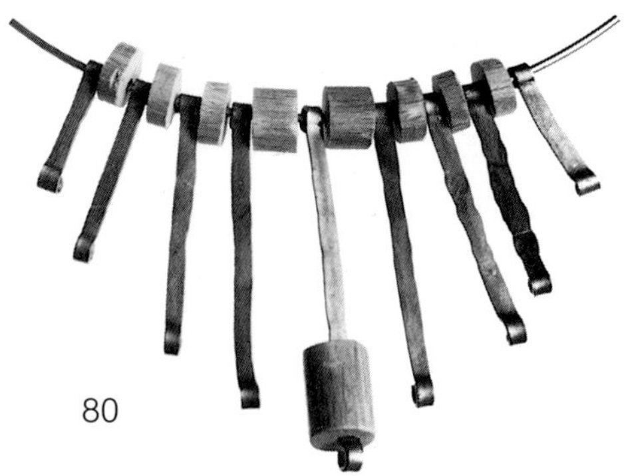

80

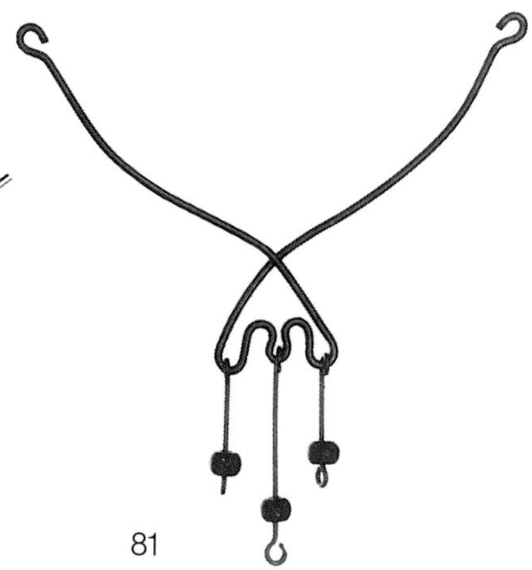

81

82

Abb. 74 – 82: Gehänge als Halsschmuck. Material: Kupferdraht und Draht aus massivem Silber. Bei Abb. 77, Abb. 80 und Abb. 82 sind die Drahtstücke zum Teil flach gehämmert, am oberen Ende zu einer Öse gebogen und am Halsreifen aufgehängt. Bei Abb. 80 wurden die walzenförmigen Perlen aus Buchenrundstäben gefertigt und farbig gebeizt.

83

84

85

Als Vorübung für Drahtschmuck sind die Biegearbeiten, die auf Seite 11–15 gezeigt wurden, sehr wichtig. Sie entwickeln die Sensibilität für das Material und regen die Formphantasie an. Hier werden einige neue Möglichkeiten gezeigt, Schmuckformen aus Draht herzustellen.
Abb. 86: Das Armband wurde mit Hilfe einer Biegeschablone geflochten. Die Biegeschablone besteht aus einem Brett, in das in kurzen, gleichmäßigen Abständen kreisförmig eine ungerade Zahl von Nägeln eingeschlagen ist. Die Köpfe der Nägel werden abgetrennt. Die Nägel werden mit einem dünnen Draht (ca. 0,4 mm) wechselnd umwunden, so daß eine Flechtstruktur wie bei einer Korbwand entsteht. Nach dem Abziehen des Armbandes wird durch die Löcher, in denen die Nägel steckten, ein Draht gezogen.
Abb. 89, 90: Dünne Drähte in der Stärke eines Fadens können gehäkelt werden. Bei Abb. 89 wurden zusätzlich Perlen in die lockere Struktur mit eingeflochten.
Material: Kupferdraht 0,2 mm stark, weiche Qualität.

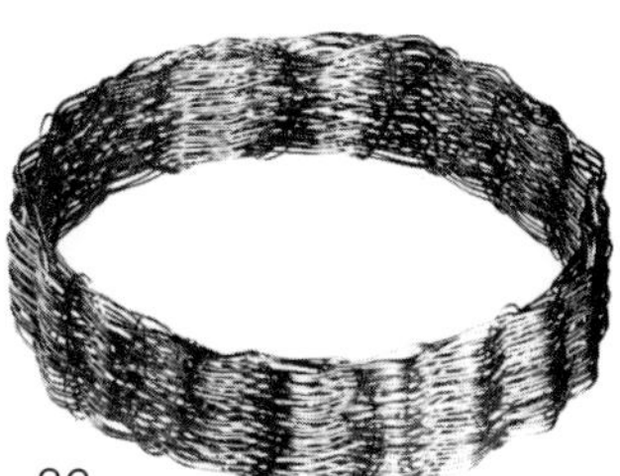
86

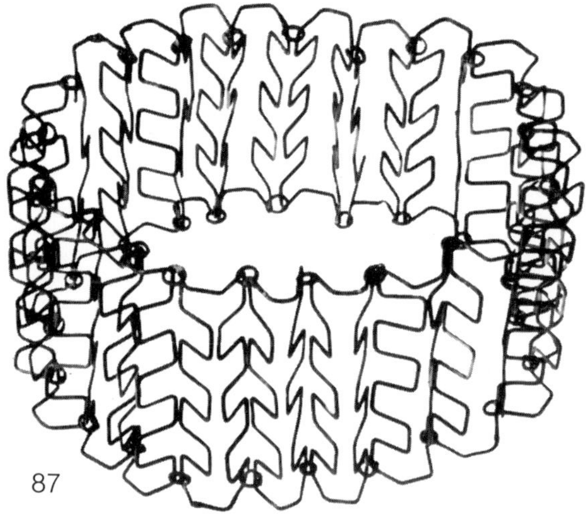
87

88

89 M 14

90

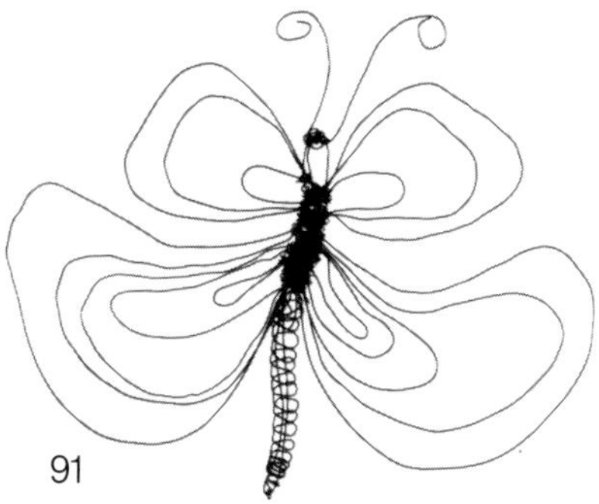

91

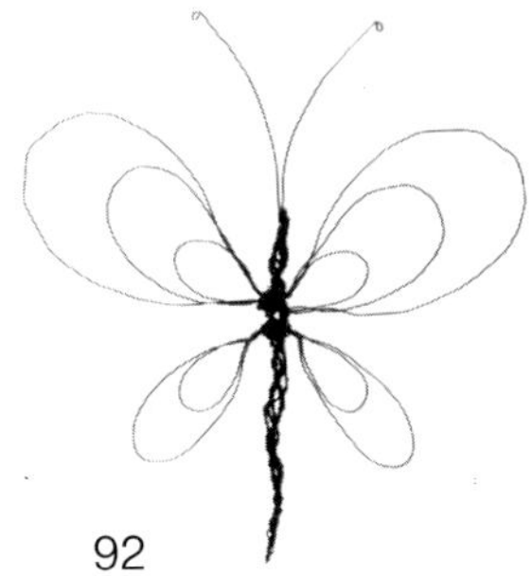

92

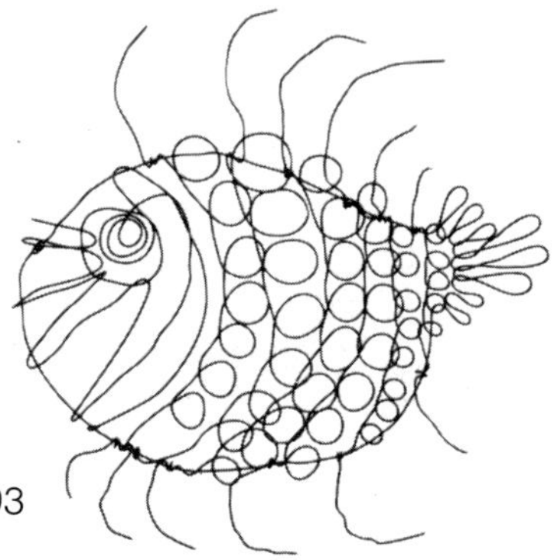

93

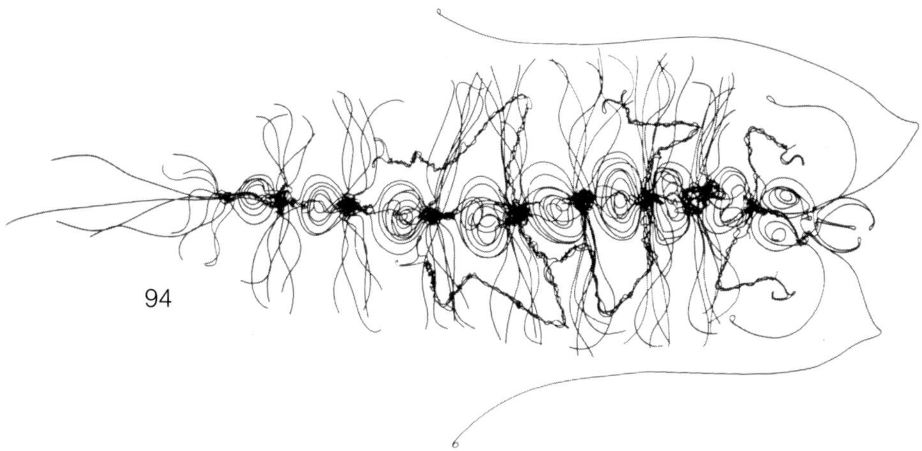

94

Figürliches Gestalten

Abb. 91 – 94: Der lineare Charakter des Drahtes ermöglicht „Drahtgrafik“. Bei diesen Beispielen drückt er seiner Eigenart gemäß Bewegung und Richtung aus, umschreibt Flächen und bildet Strukturen. Die Verbindung erfolgt durch Verknüpfen, Umwickeln und Verflechten. Die Arbeiten wurden ohne Werkzeug, nur mit den Händen durchgeführt. Als Material diente ausgeglühter Stahldraht (Bindedraht) und verzinkter Stahldraht, 0,6 mm.

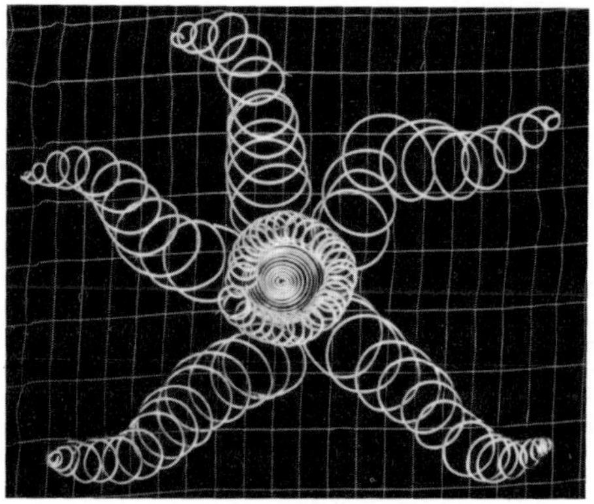

95

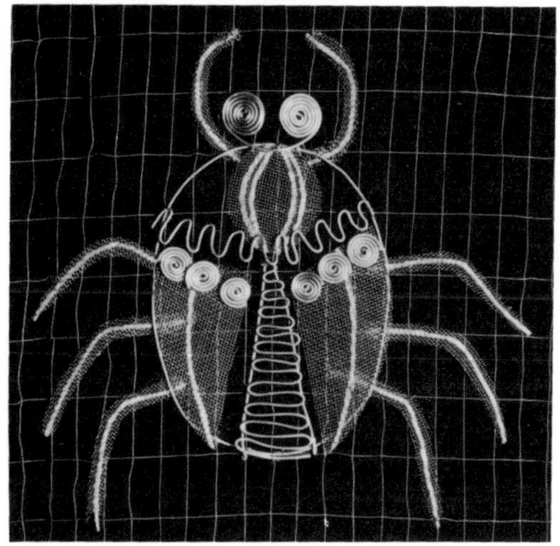

96

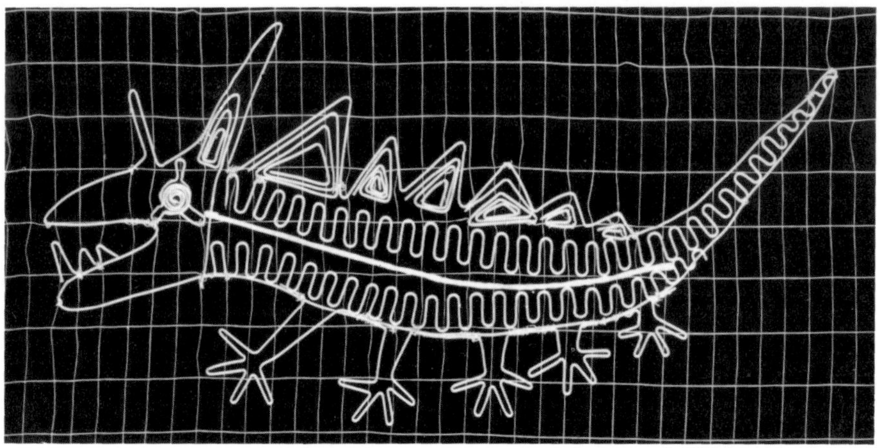

97

Abb. 95 – 97: Tierformen aus weichem Aluminium, die auf einem Grund aus Drahtgewebe mit dünnem Draht befestigt wurden. Der Seestern besteht nur aus der Grundform der Spirale und ihren Abwandlungen.

98

99

100

Abb. 98, 99: Bei diesen Drahttieren aus weichem Bindedraht wurde zuerst ein skelettartiges Gerüst geformt; die lockeren Körperformen entstanden aus Spiralfedern.
Abb. 100: Ein wurmähnliches Tier, das aus der Drahtspirale entwickelt wurde. Der elastische Körper federt beim Auseinanderziehen wieder zurück.
Abb. 101 – 104: Das „Insekt“ als Thema ist besonders gut für figürliche Drahtarbeiten geeignet, weil sein feingliedriger Körperbau den bildnerischen Möglichkeiten des Materials entgegenkommt.

101

102

103

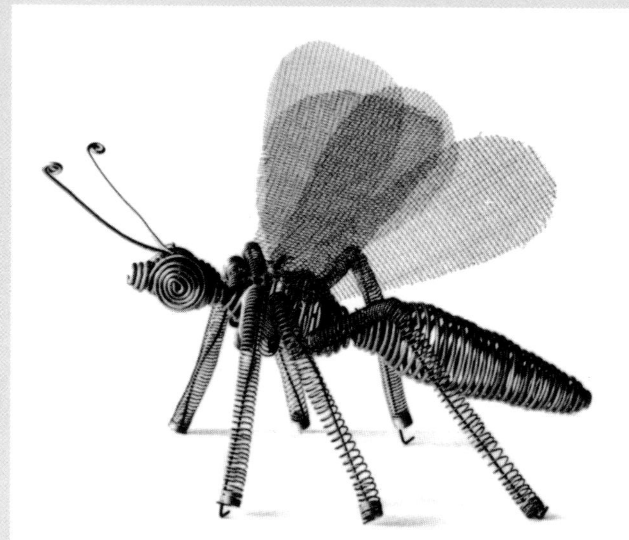
104

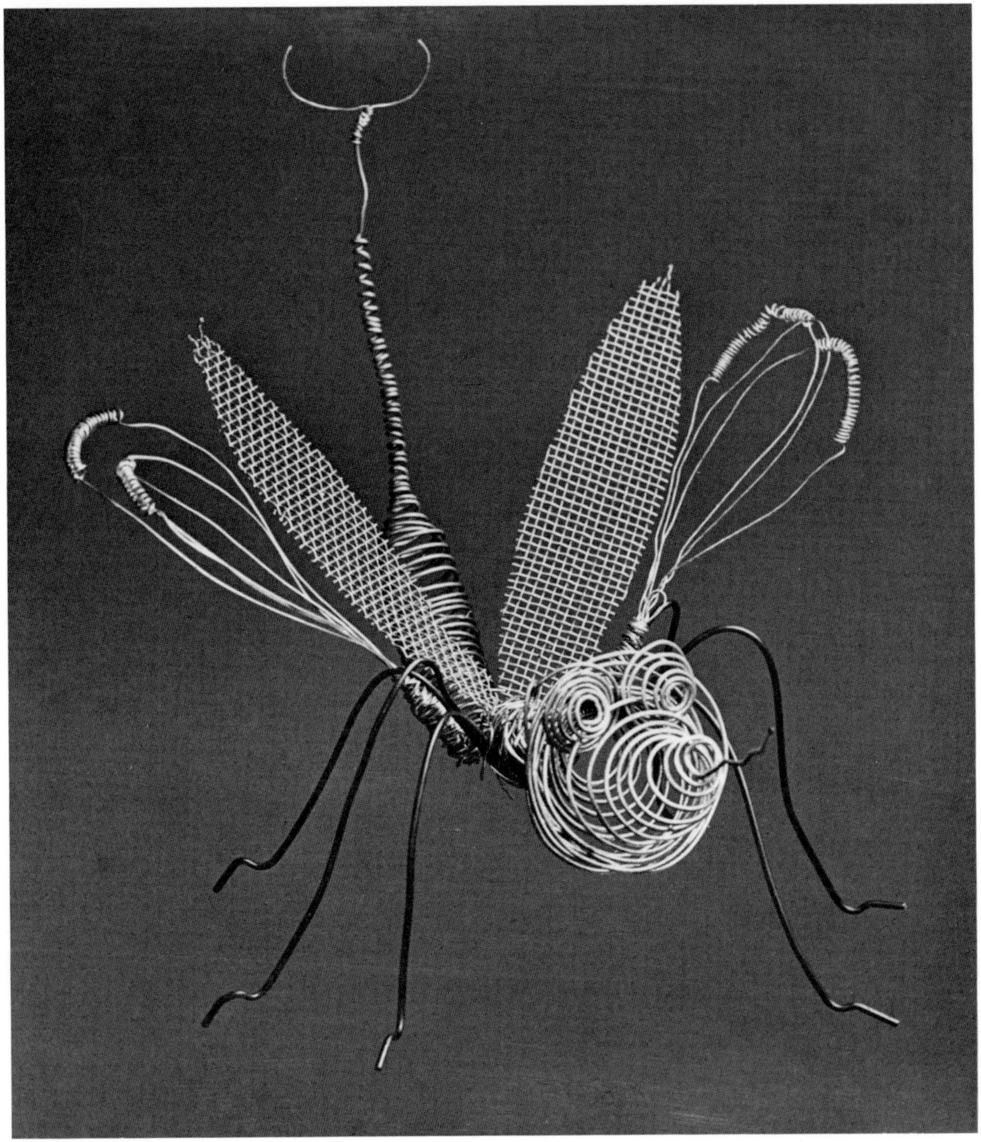

105

Abb. 105: „Angriffslustiges Insekt."

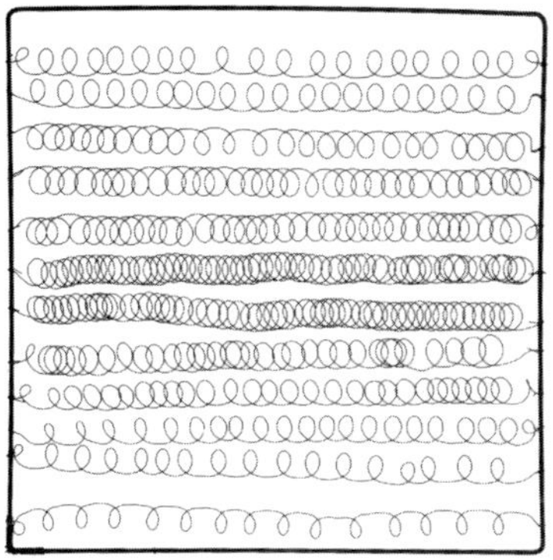

106

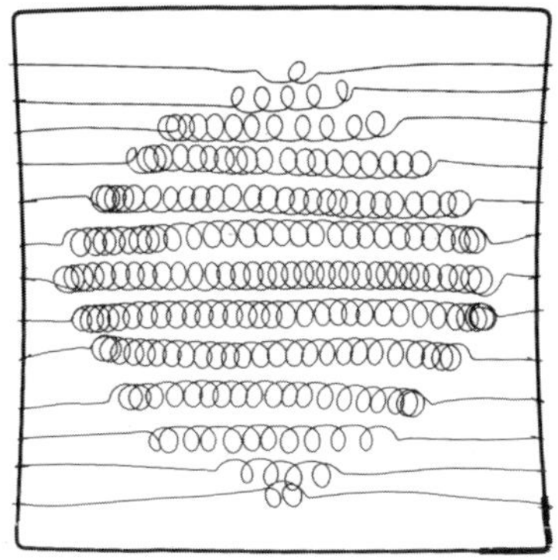

107

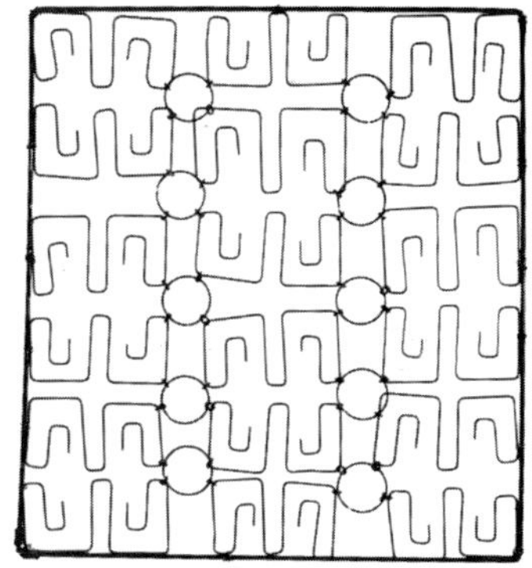

108

Vergitterung

Wir kennen das Gitter als Mittel der Sicherung und Abgrenzung von Räumen. Vergangene Zeiten schufen kunstvoll geschmiedete Türen, Tore und Gitter. Heute werden diese Formen allgemein maschinell hergestellt. Bei diesen Übungen sollte eine Fläche, die durch einen Drahtrahmen umgrenzt ist, vergittert werden. Die Abb. 106 bis 110 zeigen Vergitterungen, die ohne Löten durchgeführt wurden. Als Ausgangsform sind Rechtecke gewählt, die durch einen Rahmen aus Draht gebildet werden. Der Rahmen wird aus einem stärkeren Draht rechtwinklig gebogen und an der offenen Ecke mit einer Spiralfeder aus dünnem Draht verbunden, s. Abb. 109. Als Material für den Rahmen eignen sich am besten Drähte, die es als Schweißdrähte oder als verzinkte Drähte in Stangenform gibt (ca. 2–3 mm stark).
Der Gestaltungsvorgang wird durch vorher festgelegte Spielregeln gesteuert. Das bildnerische Grundelement ist die plastische Linie, die eine große Anzahl von Variationsmöglichkeiten bietet: Sie kann gerade, gebogen, gewellt, gebrochen, unregelmäßig verlaufend und in sich verschlungen sein, sie kann sich zum Ring und zur Spirale schließen, sie kann sich durch Hämmern verdicken und verdünnen.
Abb. 106, 107: Linienspiele mit der aufgewickelten Spiralfeder.
Abb. 108: Reihung im Wechsel von einem Kontrastpaar (runde Form – eckige Form).

109

Abb. 109: Zweistimmige Linienkomposition mit Varianten der Grundform.
Abb. 110: Vergitterung durch senkrechte und waagerechte Drähte. Material: Aluminiumdraht, zum Teil gehämmert, Drahtstärke: 1,5 mm.

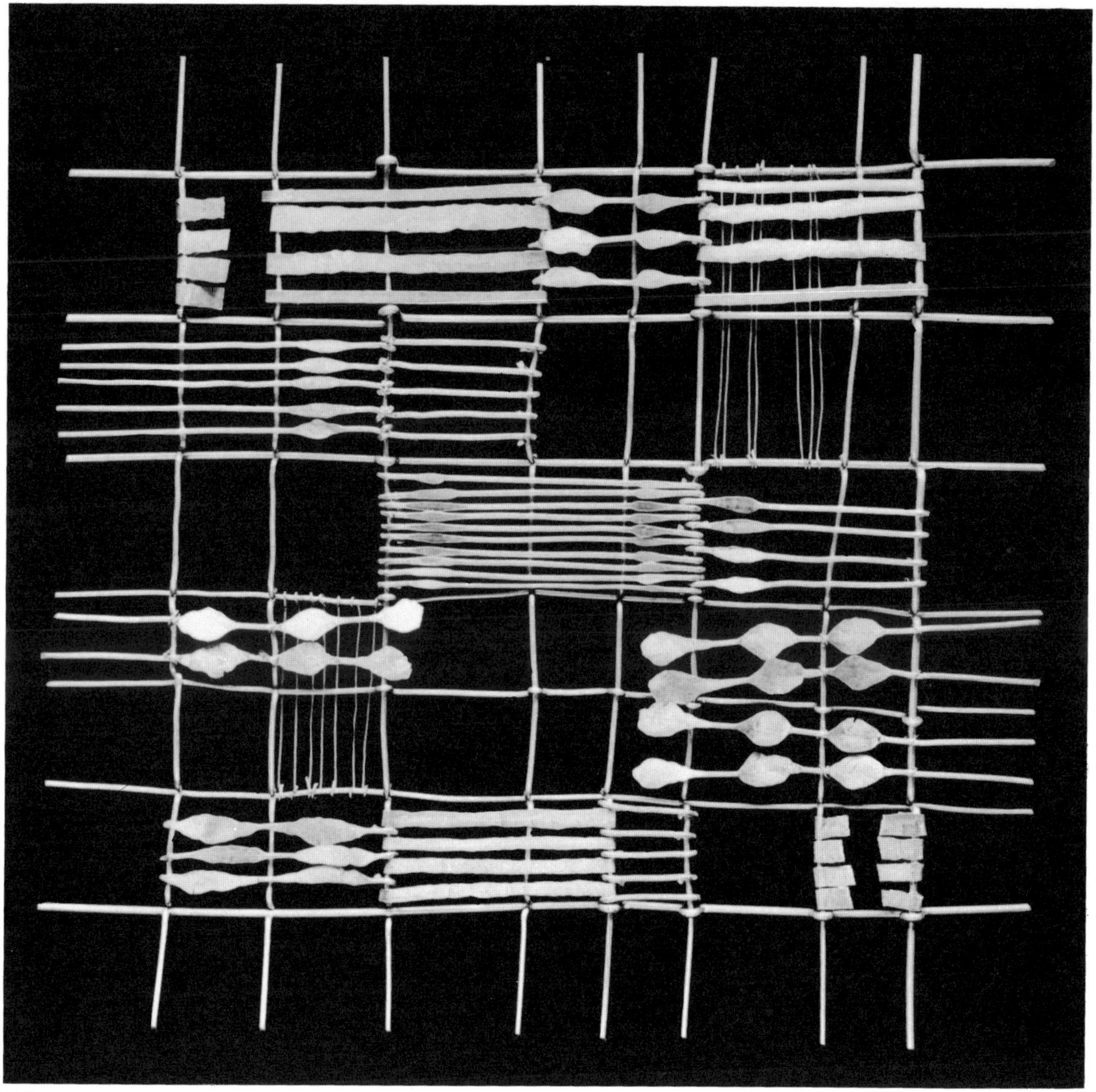

110

111

112 J 14

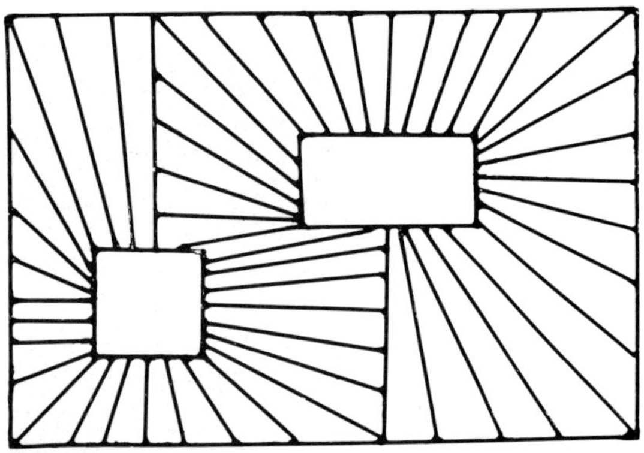

113 J 13

114

Vergitterung durch Löten

Die Lötverbindung erschließt hier neue bildnerische Möglichkeiten. Bei den Abb. 111 bis 113 bestand die Aufgabe darin, in einer gegebenen Fläche zwei oder drei Grundformen wie Kreise, Quadrate oder Rechtecke in guter Raumaufteilung anzuordnen. Diese Formen waren durch Drähte mit dem Rahmen zu verspannen und zu verlöten.
Abb. 114: Thema: „Orientalische Architektur". Kontrast von gebogenen und eckigen Formen.

115

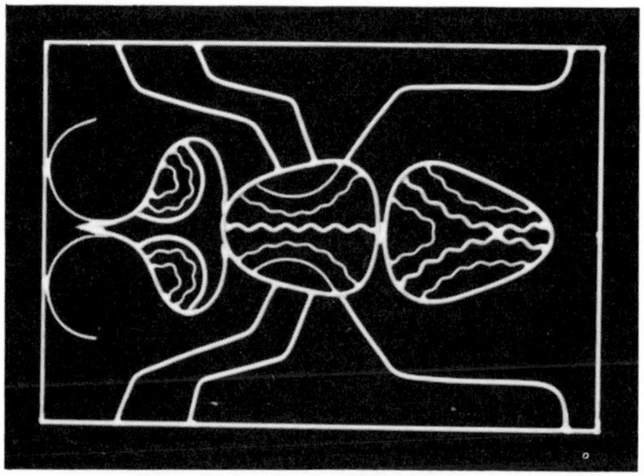
116

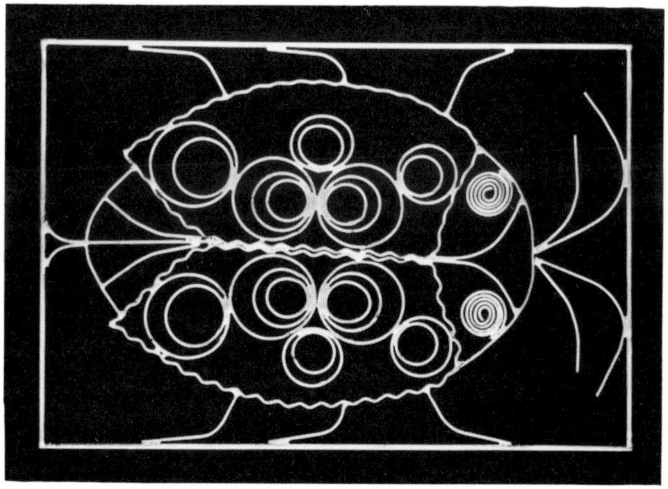
117

118

Abb. 115 – 118: Insekten- und Käferformen, ganz aus den linearen Möglichkeiten des Drahtes aufgebaut. Die Formen waren der gegebenen Fläche des Drahtrahmens so zuzuordnen, daß sie an ihren Endpunkten verlötet werden konnten.

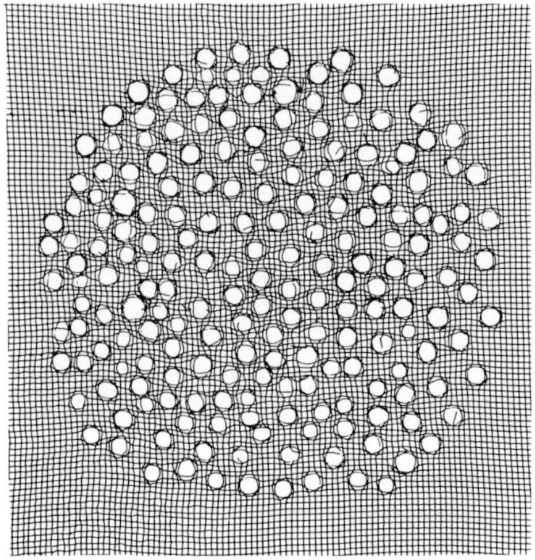

119 J 11

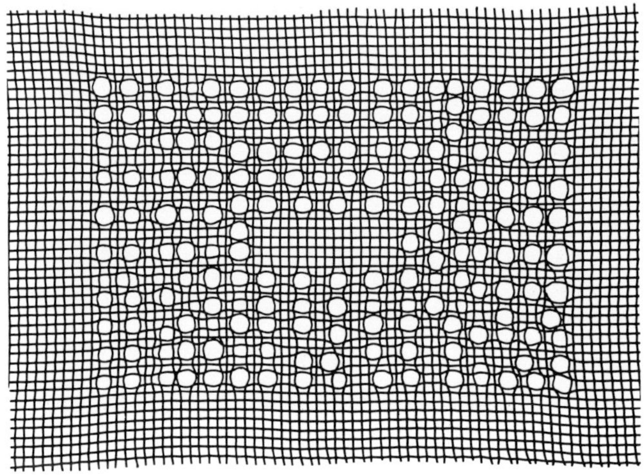

120 J 12

Das Formen mit Gewebe

Flächiges Gestalten

Drahtgewebe entsprechen in ihrer Struktur dem textilen Gewebe. Querdrähte sind durch die gespannten Längsdrähte hindurchgeführt. Dabei entsteht eine Bindung der verschieden gerichteten Drahtgruppen. Wir beginnen auch hier mit einfachen Übungen. Die Abb. 119 bis 136 zeigen Beispiele aus verschiedenen Entwicklungsreihen, bei denen jeweils ein bildnerisches Problem im Mittelpunkt der Aufgabenstellung stand. Die Struktur des Drahtgewebes kann entweder durch Verbiegen oder durch Herausziehen und Durchtrennen der Drähte verändert werden. Abb. 119 bis 121 zeigen Beispiele, bei denen die rechtwinkligen Maschen durch Einstechen mit einem Bleistift zu Kreis- und Ovalformen erweitert wurden.
Abb. 121, 122: Einfache ornamentale Gliederung der Gewebeflächen durch Auseinanderbiegen der Drähte.

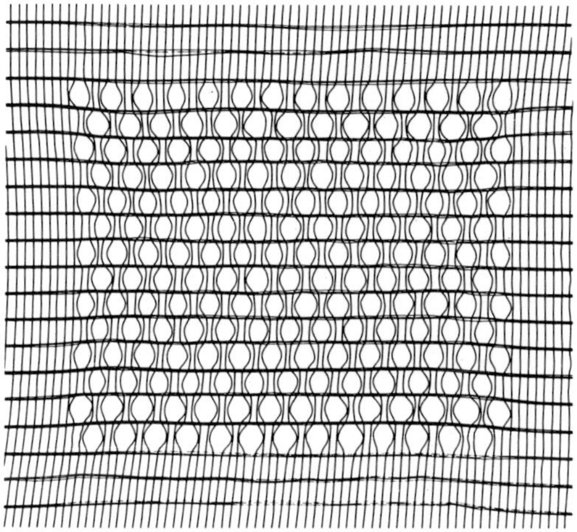
121 J 12

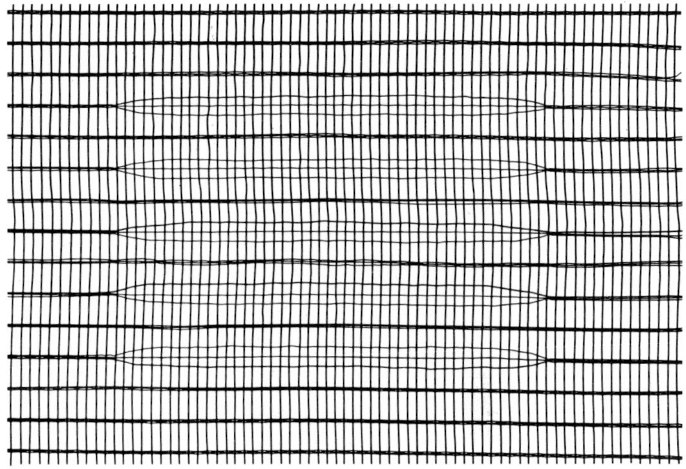
122 J 12

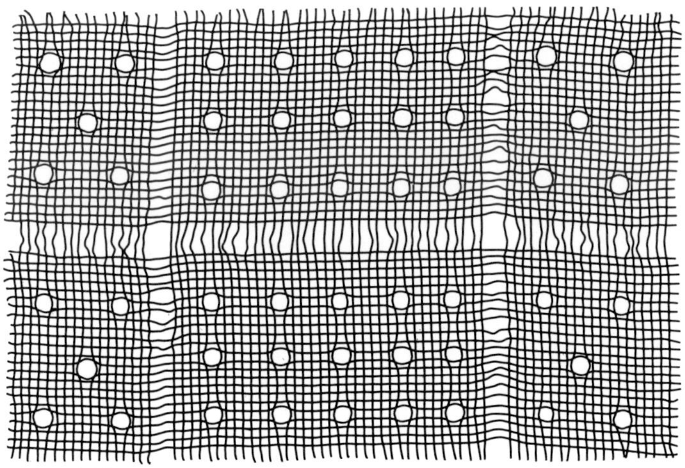
123 J 12

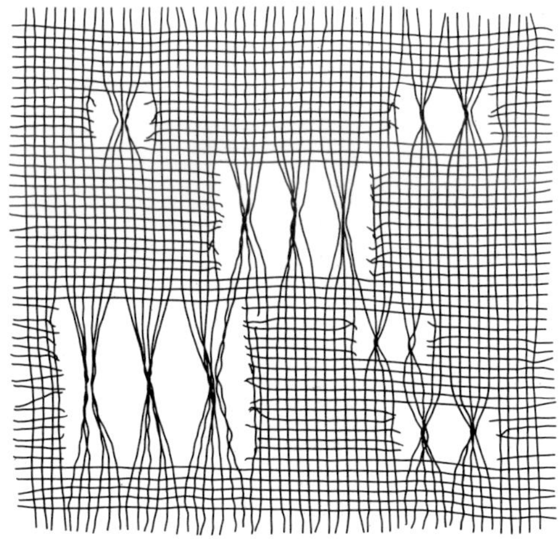
124

Abb. 123,124: Aus der Gewebefläche wurden Quer- und Längsdrähte herausgezogen. Weitere Veränderungen der Gewebestruktur sind durch Auseinanderbiegen und Zusammenschieben der Drähte entstanden.

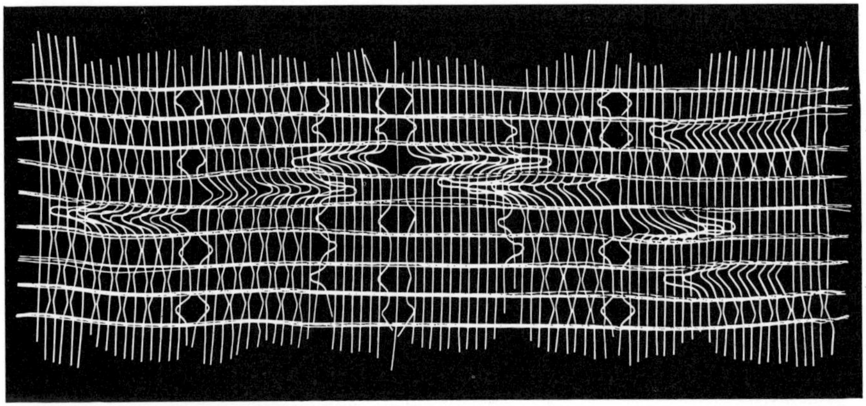

125

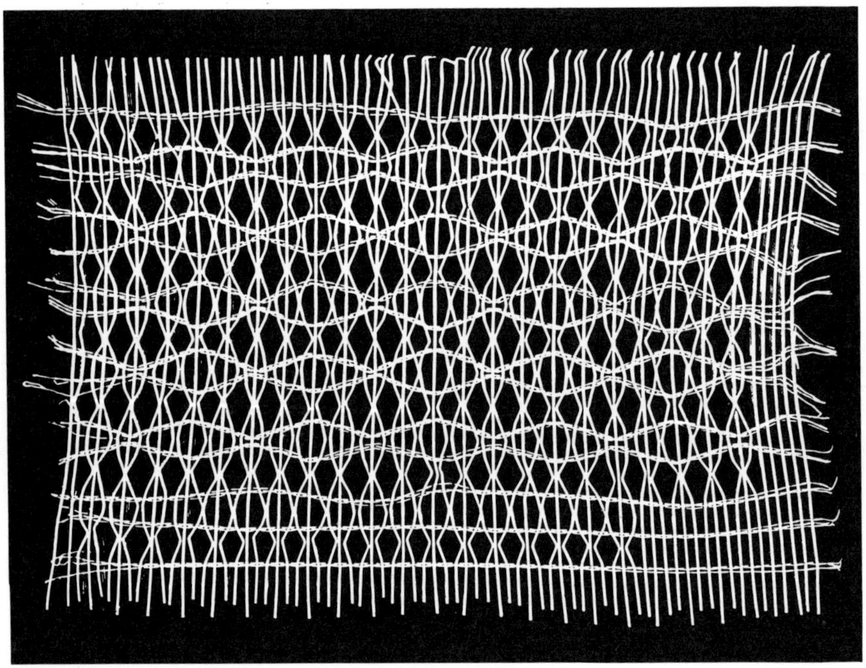

126

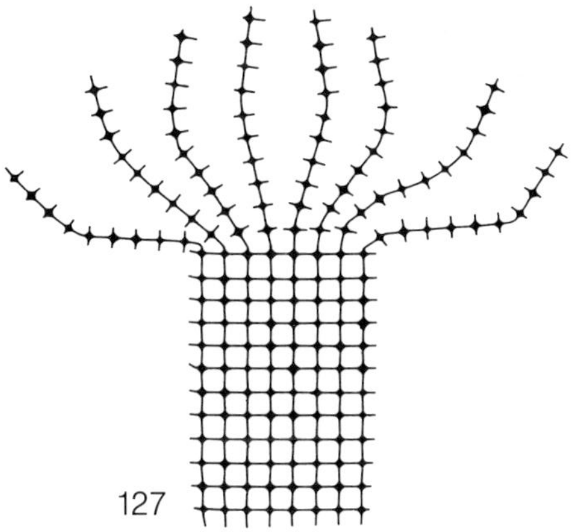

127

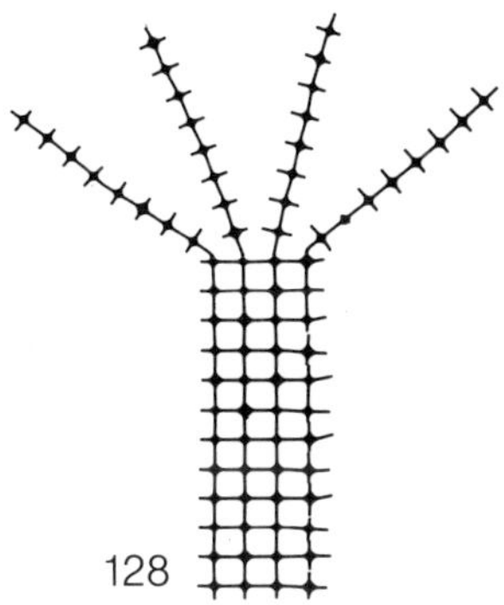

128

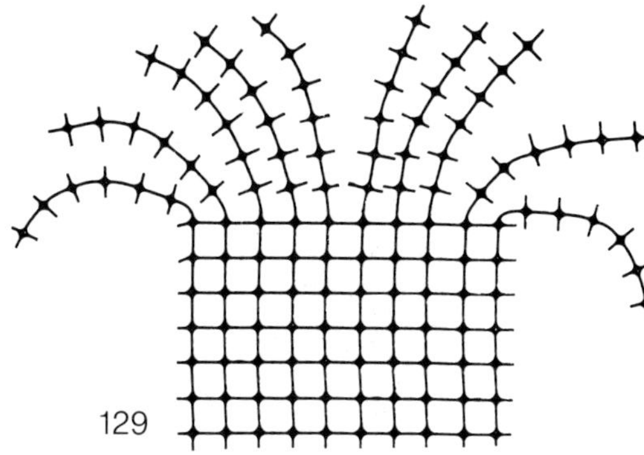

129

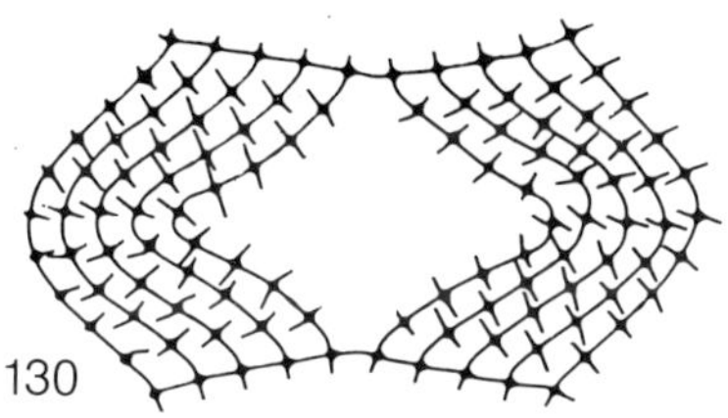

130

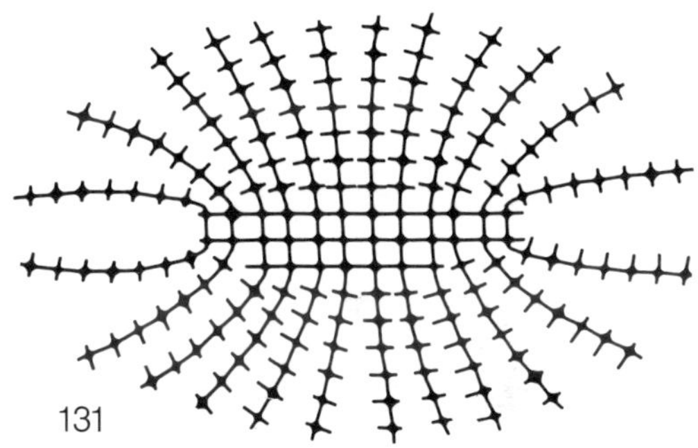

131

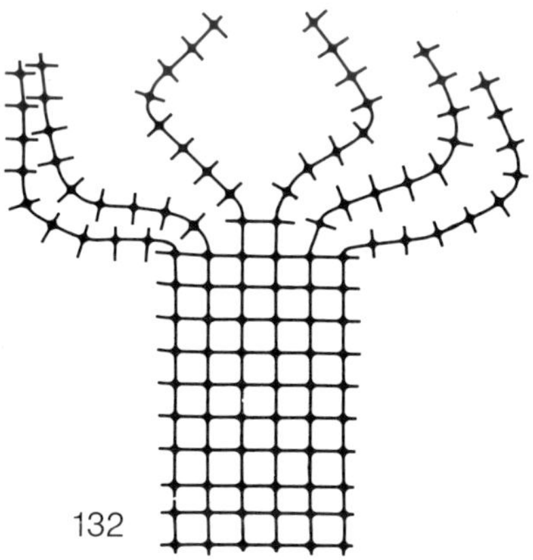

132

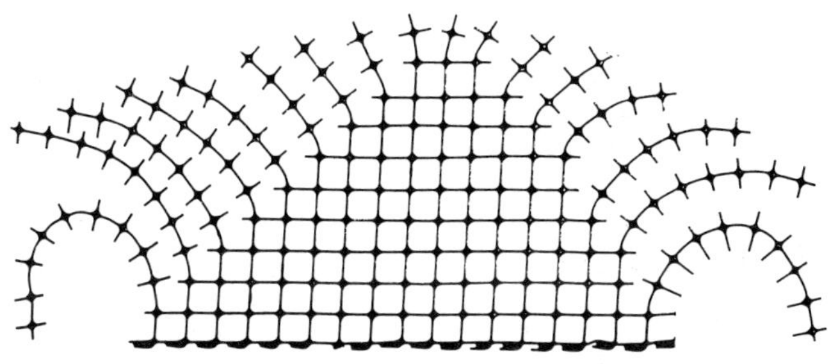

133

Abb. 127 – 133: Bei diesen Übungen wurde Drahtgewebe verwendet, das punkthaft verlötet oder verschweißt ist. Veränderung der Struktur durch Trennen des Gewebes und Biegen der Drähte.

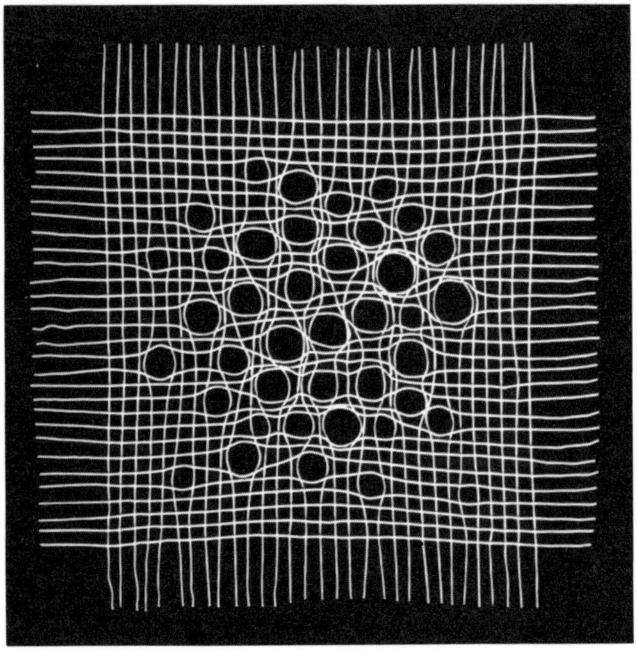

134

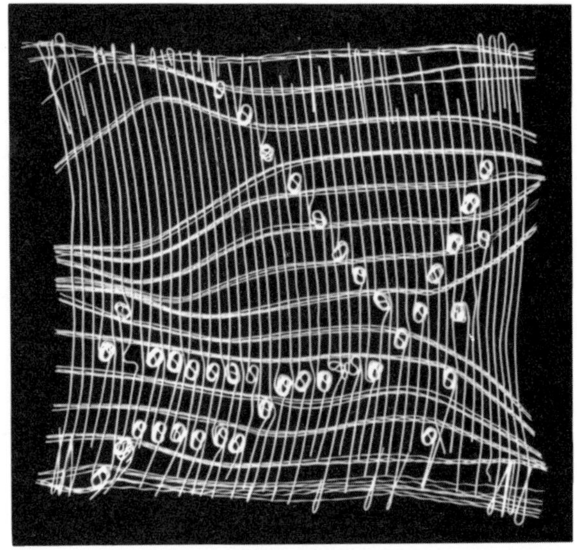

135

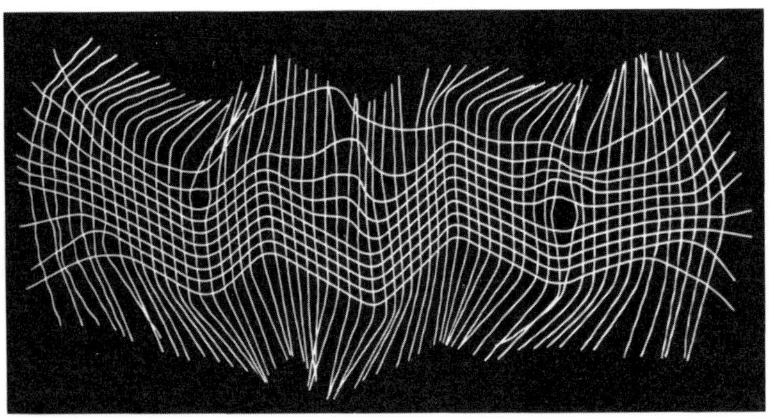

136

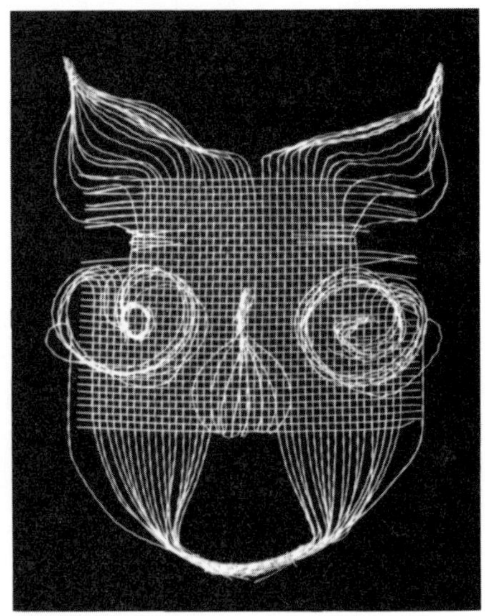

137

Abb. 134 – 137: Gliederung von Gewebeflächen durch Herausziehen, Biegen, Verschieben und Durchtrennen der Quer- und Längsdrähte.

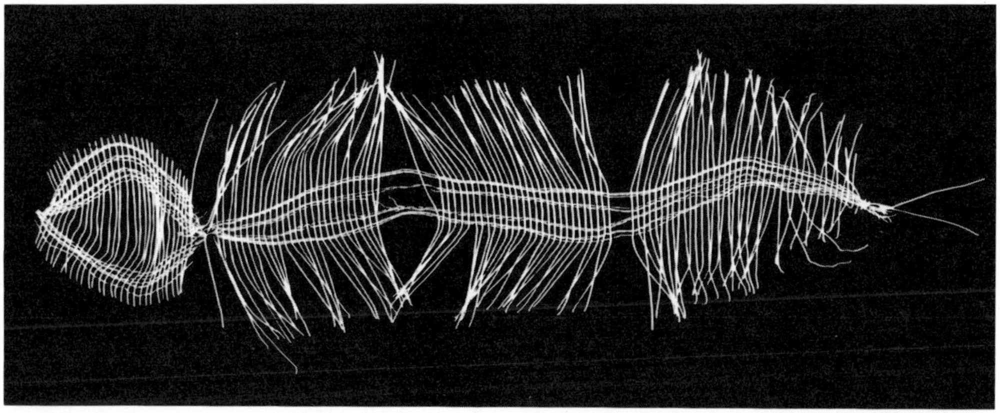

138

139

Abb. 138, 139: Zwei Gebilde aus einem länglichen Gewebestück, die an tierische Versteinerungen erinnern.

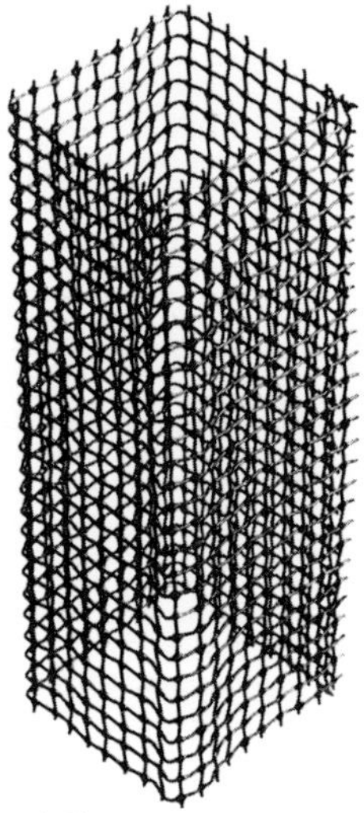
140

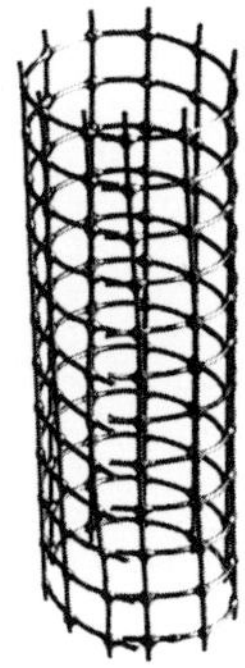
141

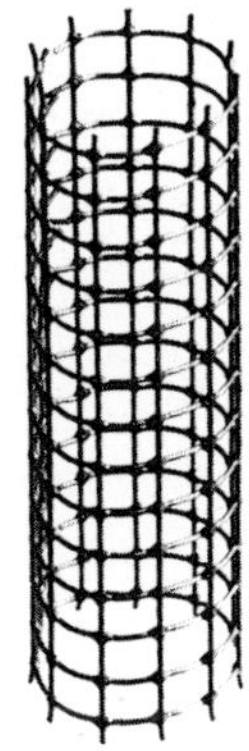
142

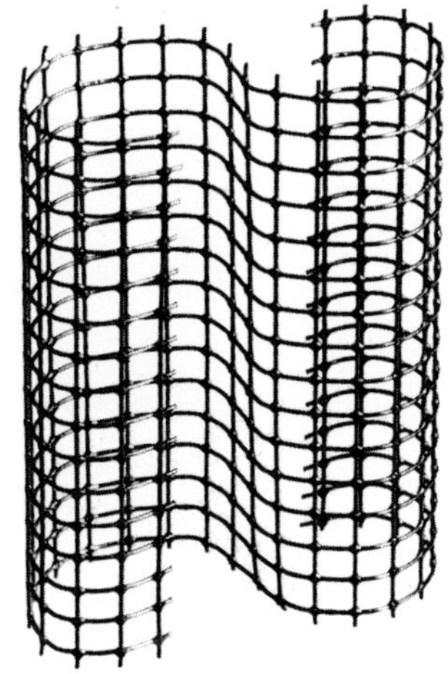
143

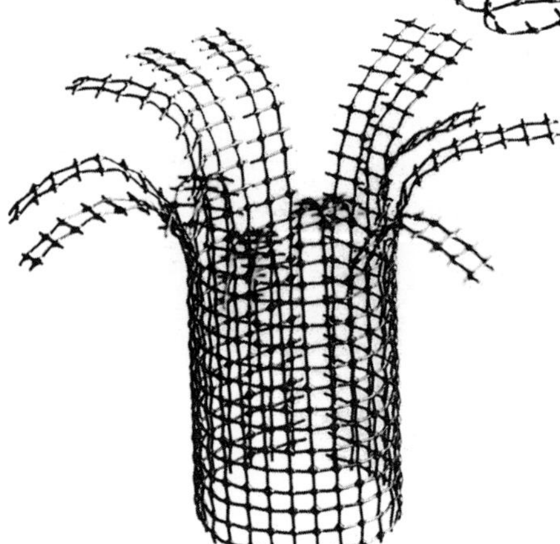
144

145

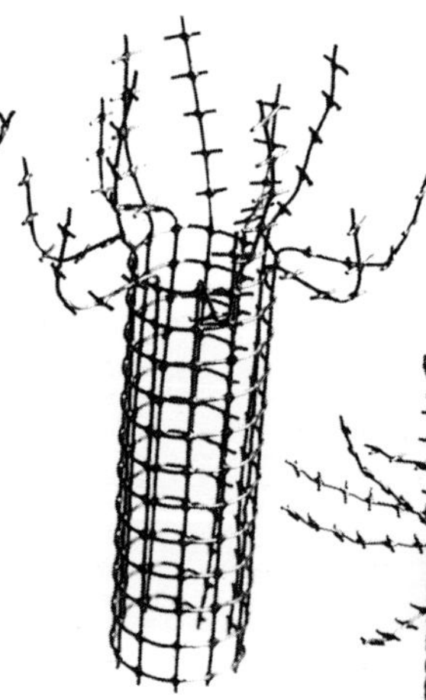
146

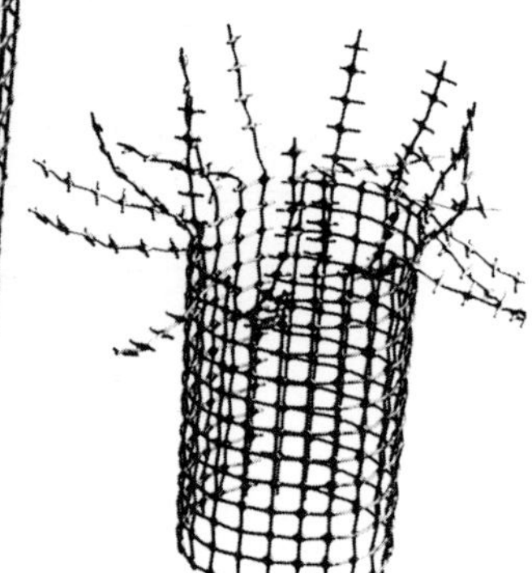
147

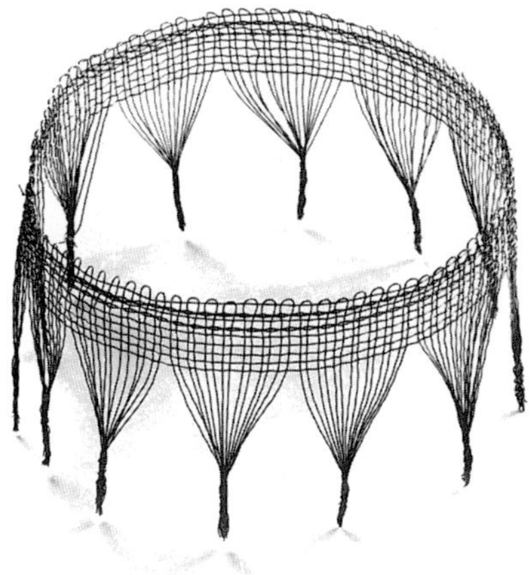

148

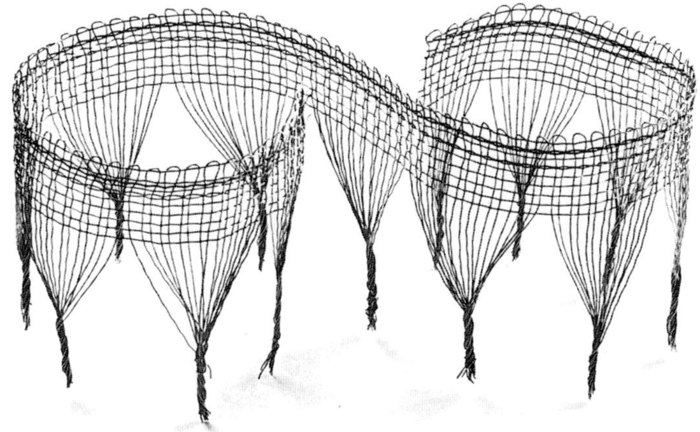

149

Räumliches Gestalten

Werden Gewebeflächen gebogen, so entstehen dreidimensionale Gebilde, die Räume umgrenzen oder in den Raum eingreifen. Die Abb. 140 bis 143 zeigen einfache Biegeübungen: Quader, Zylinder, offene Form. Bei den Abb. 144 bis 147 waren aus dem Zylinder Baumformen zu entwickeln. Die Querdrähte sind im oberen Drittel aufgeschnitten und die Längsdrähte abgebogen. Abb. 148 und 149: Zwei Möglichkeiten der räumlichen Variation eines Gewebestreifens, der in seiner unteren Zone durch Herausziehen und Verkordeln von Drähten verändert wurde. Stützende und lastende Formteile ergeben bei aller Leichtigkeit den Ausdruck des Stehens.
Abb. 150, 153: Pflanzliche Formen aus einem länglichen Gewebestück. Die Längsdrähte sind bis auf eine mittlere Gruppe herausgezogen, die horizontalen Drähte durch Verkordeln und Verbiegen nach allen Richtungen hin räumlich gegliedert.
Abb. 151, 152: Die Veränderung einer zylindrischen Grundform führt hier zu architektonisch anmutenden Gebilden.
Abb. 154, 155: Pflanzliche Formen, aus dem spiralförmig zusammengewickelten Zylinder und aus zusammengesetzten Zylinderteilen entwickelt.

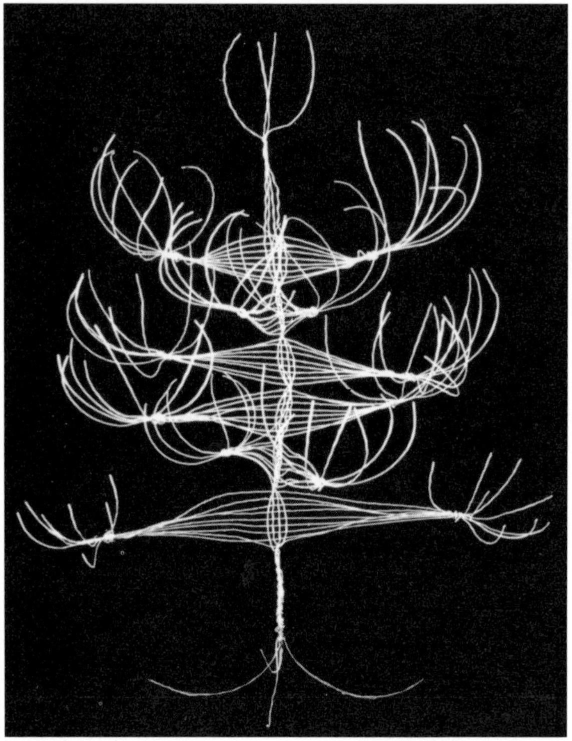

150

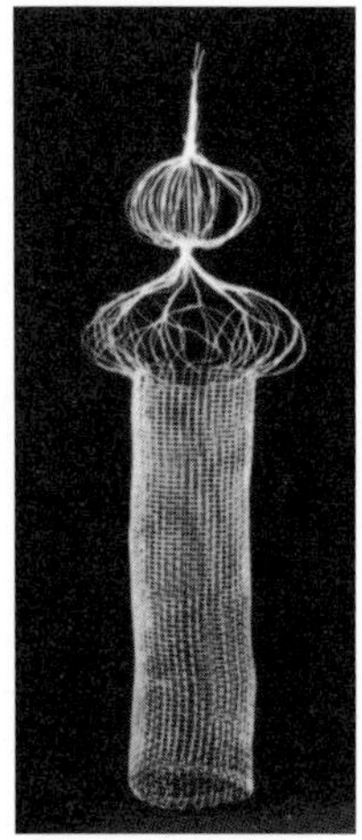

151

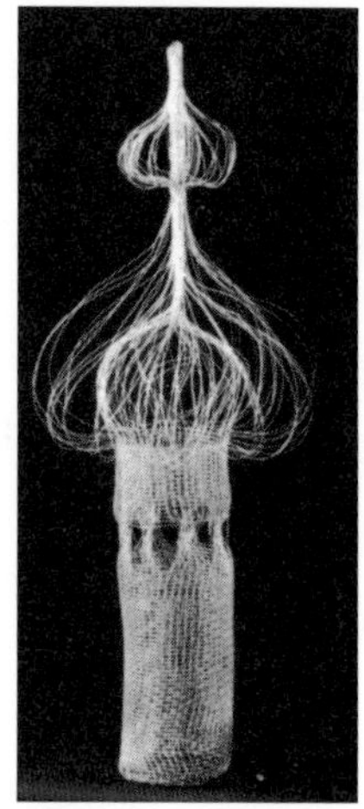

152

155

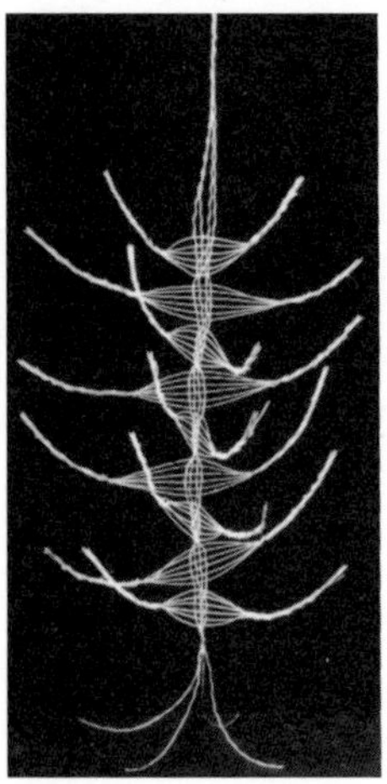

153

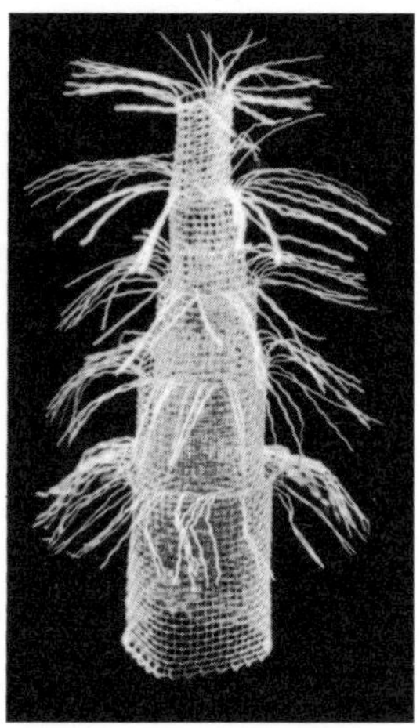

154

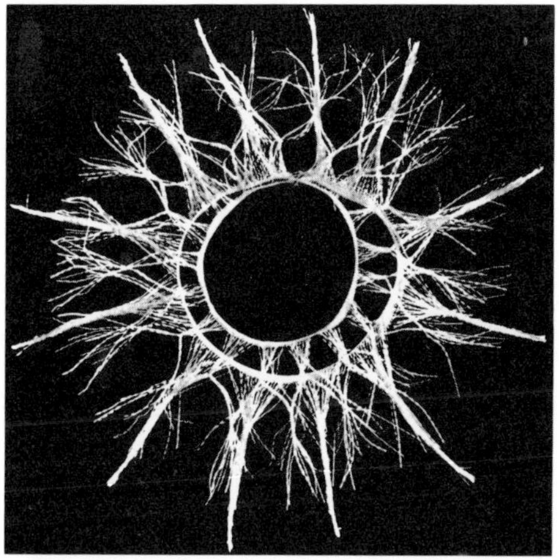

156

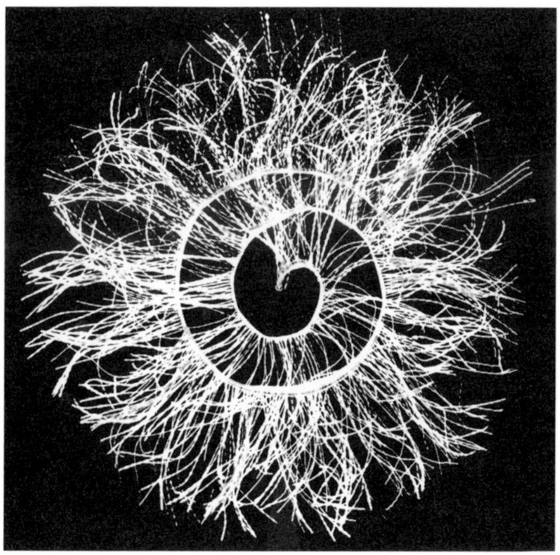

157

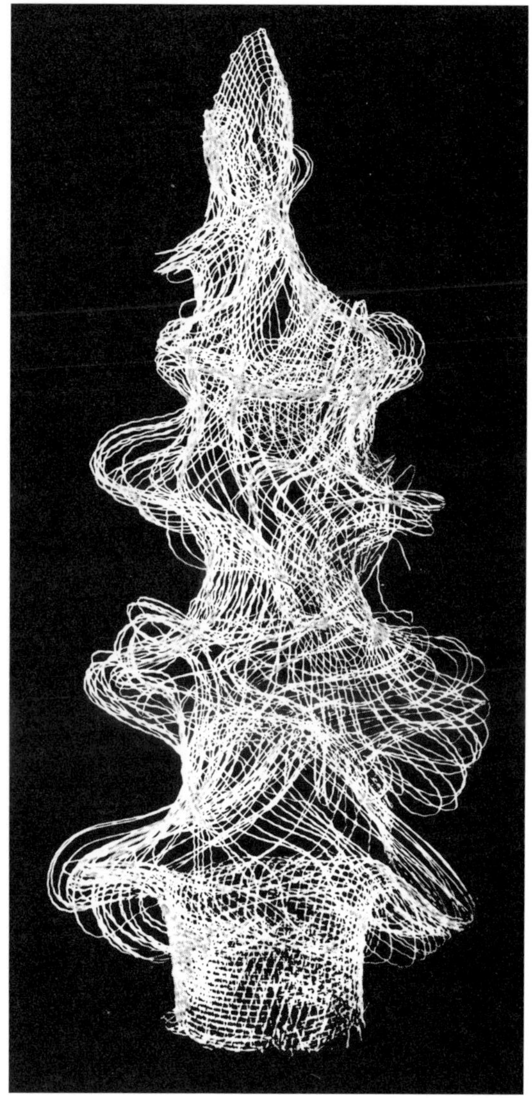

158

Abb. 156, 157: Zwei Spiralformen, aus einem länglichen Gewebestreifen durch Ausziehen von Längsdrähten und Ausfransen entwickelt.
Abb. 158: In sich gewundene pflanzliche Gebilde, aus der Zylinderform entstanden.

159

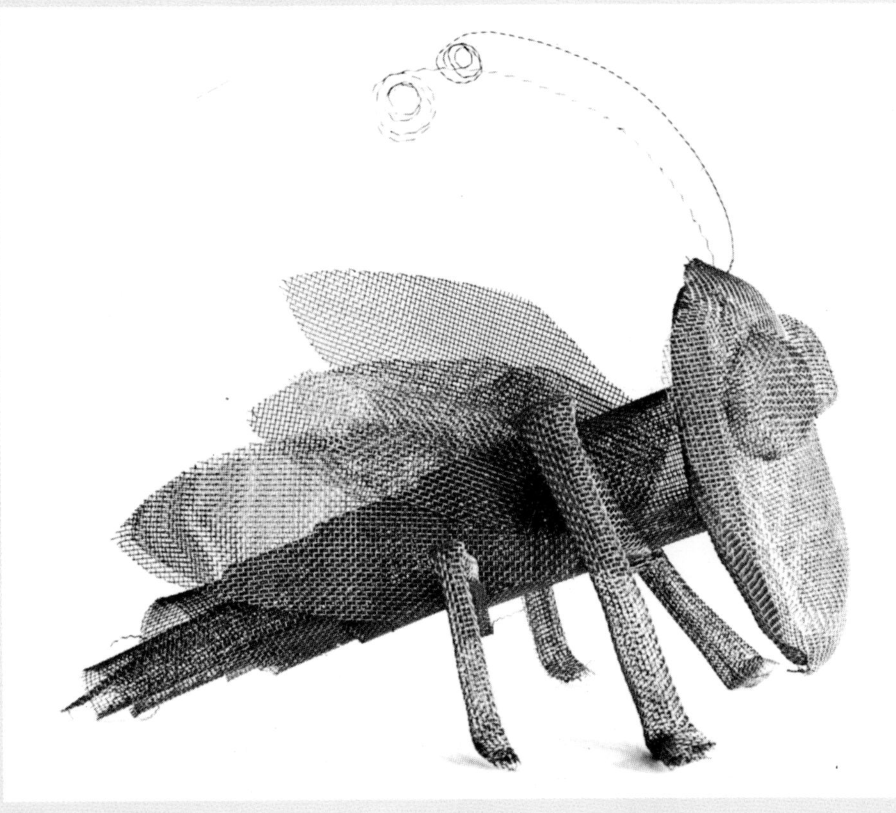

160

161

Die abgebildeten Tierformen aus Drahtgewebe zeigen den eigenartigen Reiz dieses Materials und seine vielseitigen bildnerischen Möglichkeiten. Die Arbeiten wurden ohne Lötverbindungen durchgeführt. Als Verbindungsmittel dienten feine Gewebedrähte, mit denen die Teile (s. Abb. 160) verknüpft wurden.

162 J 7

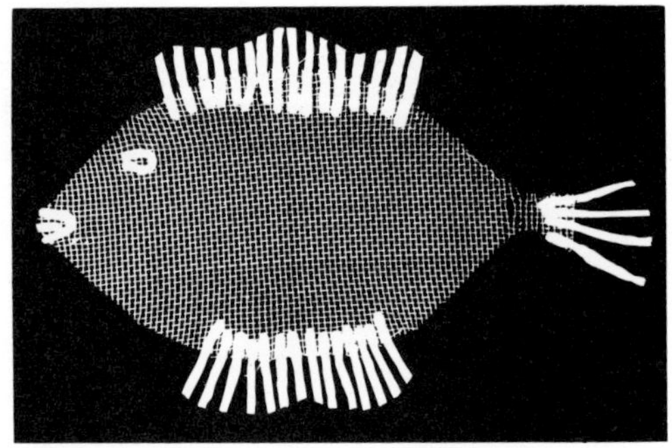

163 J 8

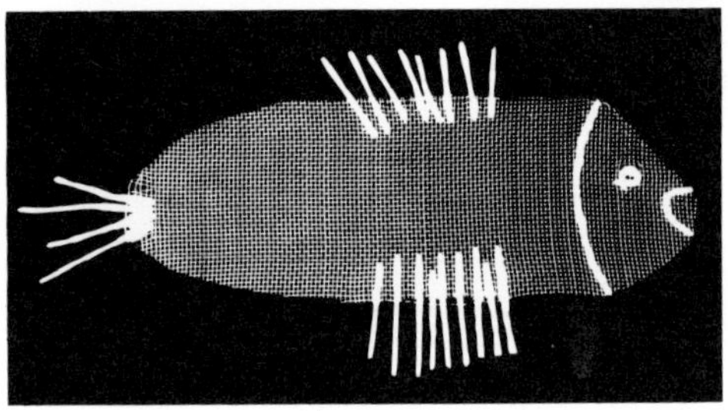

164 M 8

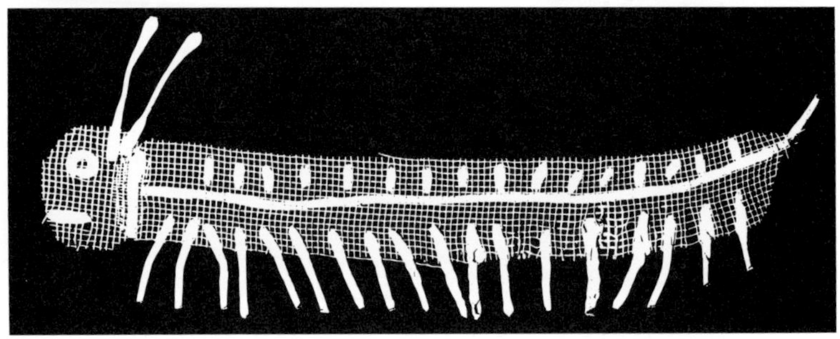

165 J 9

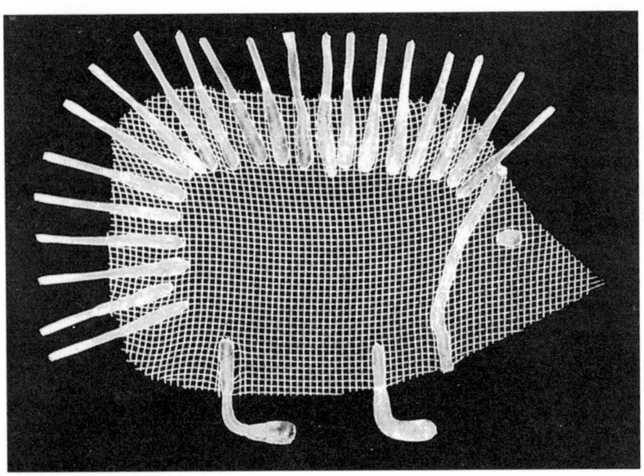

166 M 9

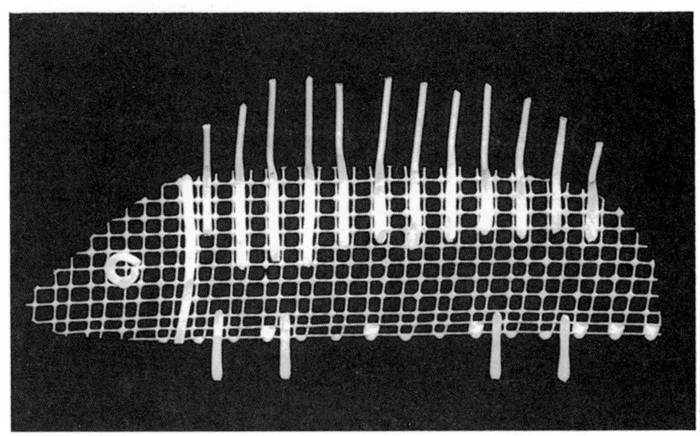

167 J 9

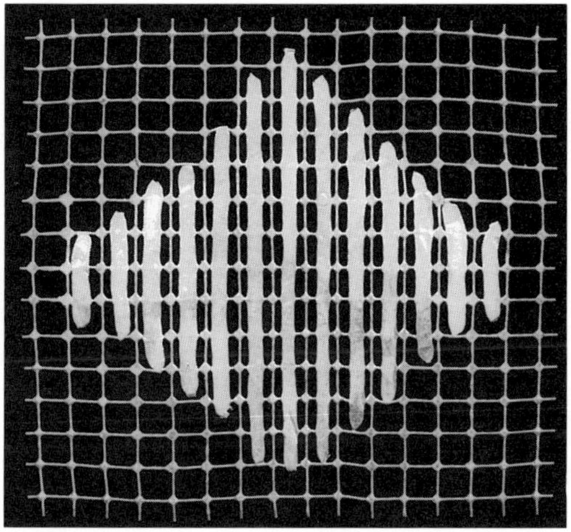

168

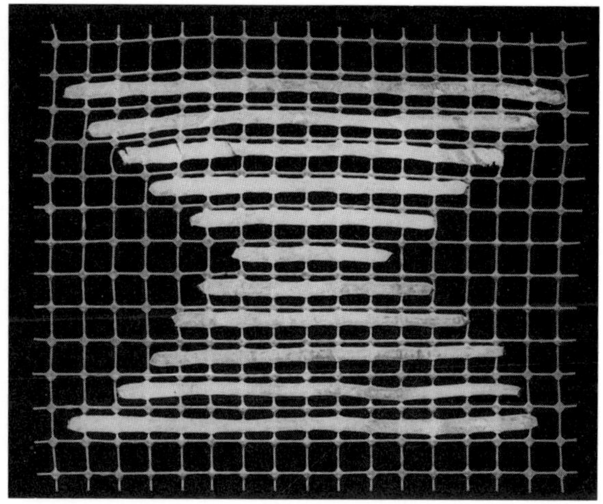

169

Das Gewebe in Verbindung mit Draht

Weicher Aluminiumdraht läßt sich auf engmaschigem Drahtgewebe aufhämmern. Die harten Drähte des Gewebes dringen ins weiche Aluminium ein. Es ergibt sich eine feste Verbindung. Als Unterlage dient am besten ein kleiner Brettamboß oder eine anderweitige Stahlplatte. Dieses Verfahren ist so einfach, daß es bereits von jüngeren Kindern angewendet werden kann. Abb. 168 und Abb. 169: Beispiele aus einer Übungsreihe. Die Aufgabe besteht darin, eine Fläche durch parallel geführte Drähte linear zu gliedern.
Abb. 162 – 167: Tierformen. Zuerst wurde die Grundform mit einer leichten Blechschere, der sogenannten Goldarbeiterschere, ausgeschnitten. Die weiteren Formteile wie Augen, Beine usw. entstanden durch Aufhämmern von Drahtstücken.
Abb. 170 – 175: Ornamentale, pflanzenähnliche Formen und Bildzeichen. Bei diesen Arbeiten empfiehlt es sich, einfache Drahtbiegeübungen, wie sie auf Seite 11 – 15 dargestellt sind, vorausgehen zu lassen. Sie entwickeln das Gefühl für die bildnerischen Möglichkeiten des Drahtes.
Abb. 176: „Kriechtier". Ausgefranstes Gewebe, mit Aluminiumdraht gehämmert.
Abb. 177: Die aufgehämmerte Spirale als form- und strukturbildendes Element.

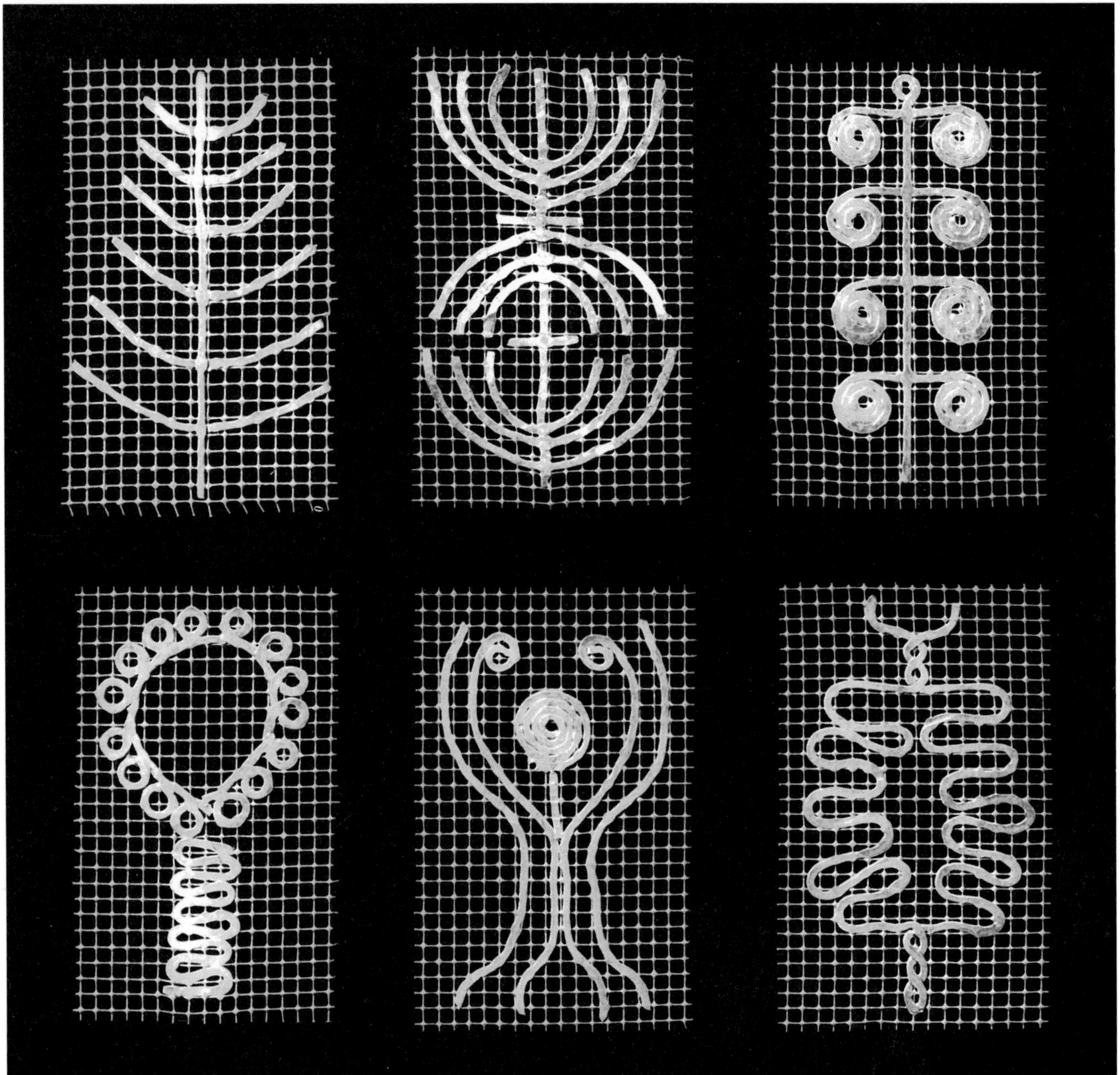

170–175

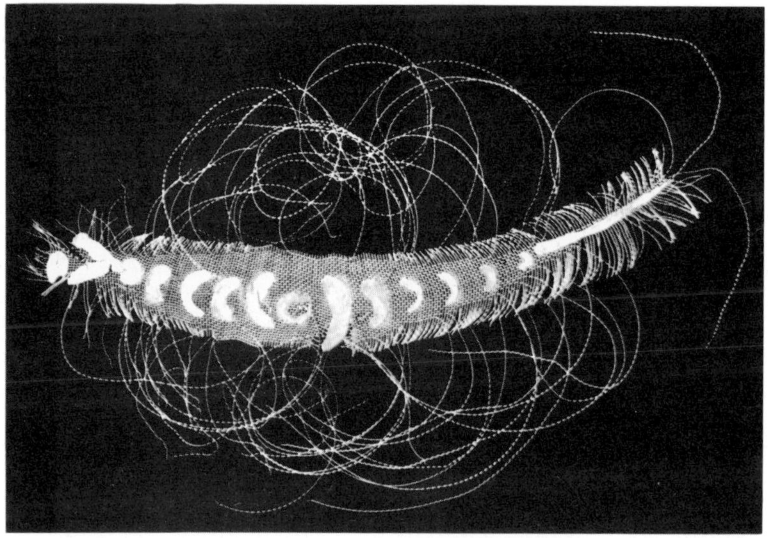

176

177

Das Formen mit Blech

Drücken, Punzieren und Lochen

Metalle kommen im allgemeinen in vorgeformtem Zustand in den Handel. Neben Draht und Drahtgewebe ist das gewalzte Blech ein besonders geeigneter Werkstoff für die Metallarbeit. Seine bildnerischen Möglichkeiten sind vielseitig. Einmal kann es als Grundfläche für eine bildnerische Ordnung dienen, ein andermal läßt es sich zu einem Relief oder zu einer Flächenstruktur verformen, und schließlich ist es möglich, durch Einschneiden, Biegen oder Treiben ein dreidimensionales Gebilde zu schaffen. Das Drücken und das Punzieren sind zwei Verfahren, die ein dehnfähiges und zähes Material voraussetzen. Dazu sind besonders dünne und weiche Bleche wie Aluminium-, Kupfer-, Messing-, Zink- und Weißblech geeignet. Durch Drücken und Punzieren werden plastische Veränderungen am Material vorgenommen.
Legt man das Blech auf eine weiche Unterlage und setzt es dem Druck der Punzier- und Drückwerkzeuge aus, so kann es sich nach unten ausdehnen und sich zu plastischen Punkten, Linien oder Flächen verformen. Dabei wird das Material gestreckt und in seiner Struktur härter und spröder.
Abb. 178 – 186: Übungen mit der Flächenstruktur. Die Materialien, die Verfahren und die Werkzeuge sind unterschiedlich. Die Drückarbeiten der Abb. 178 und Abb. 179 sowie der Abb. 181 – 183 wurden in weicher Aluminiumfolie auf einer Unterlage aus mehreren Zeitungen durchgeführt. Als Drückwerkzeuge dienten angespitzte Buchenrundstäbe.
Die Abb. 180 und 184 – 186 zeigen Punzierarbeiten aus weichem Kupferblech. Im Unterschied zum Drücken wird beim Punzieren ein Hammer zu Hilfe genommen. Die Punzierwerkzeuge können aus Nägeln oder Schweißdrähten (2 und 3 mm) zu verschiedenen Formen und Größen selbst zugefeilt werden.

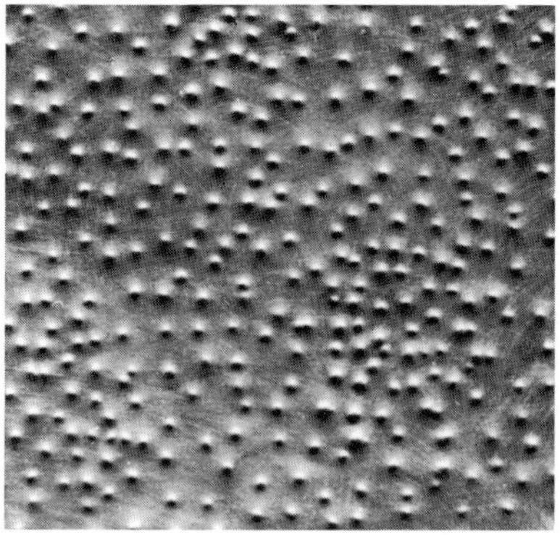
178

179

180

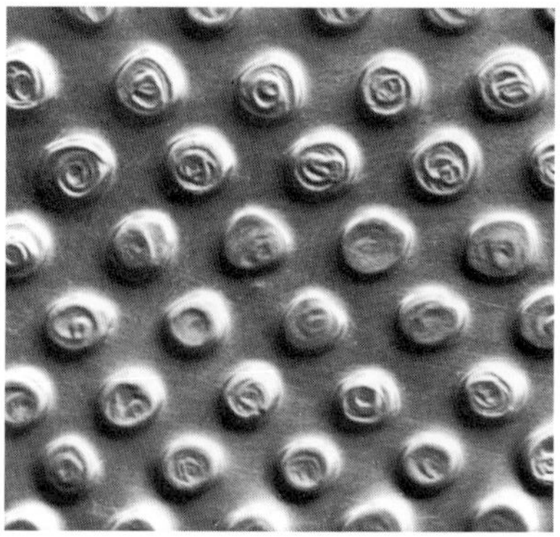
181

182

183

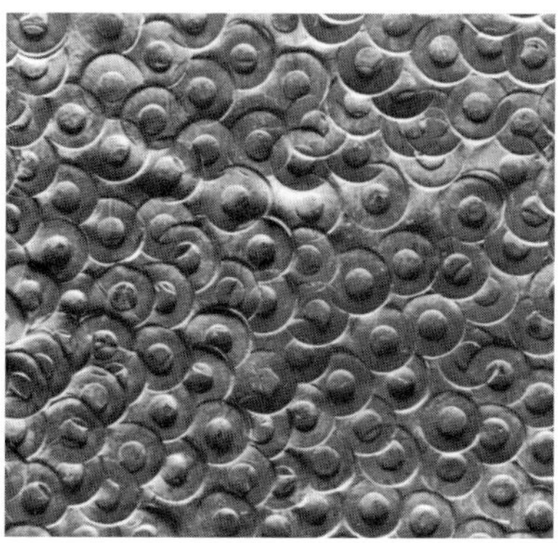
184

185

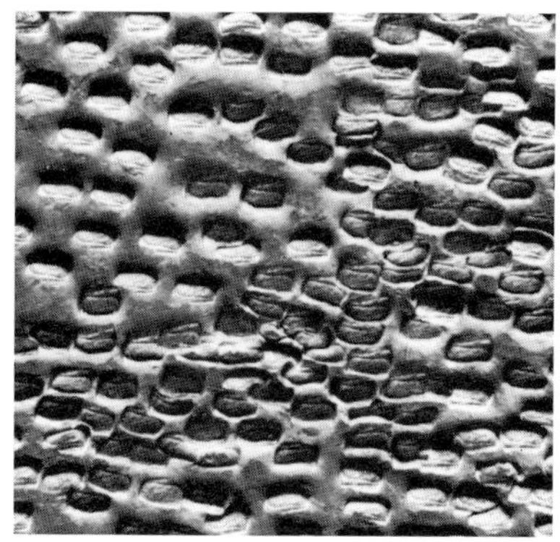
186

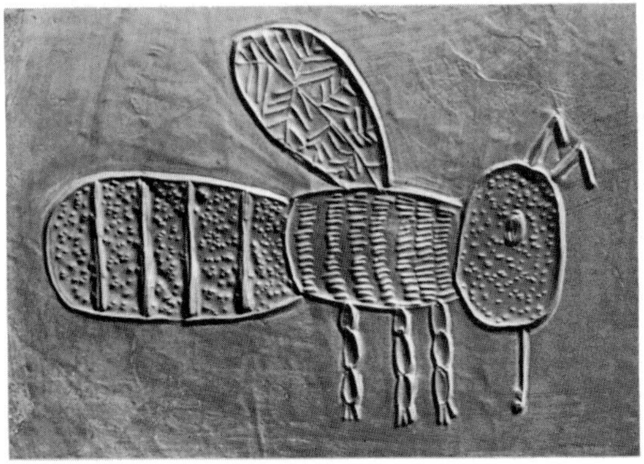
187 M 8

188 J 9

189 M 8

190

191

192

193

Abb. 187 – 189: Mit Kugelschreiber und Bleistift in weiche Aluminiumfolie gedrückte Tierformen, die ein sicheres Gefühl der Kinder für Form und Material erkennen lassen.
Abb. 190 – 193: Die plastische Linie als Element bildnerischer Ordnung.
Material: Aluminiumfolie und Aluminiumblech.

194

195

196

Abb. 194 – 196: Masken. Material: dünnes Zinnblech. Die Formteile wie Augen, Nase, Mund wurden zuerst mit einem Bleistift vorgezeichnet und dann auf einer weichen Unterlage zu plastischen Punkten, Linien und Flächen ausgeformt. Als Drückwerkzeuge dienten angespitzte Buchenrundstäbe.
Abb. 197: Schildkröte aus Aluminiumblech, 0,2 mm stark. Je weicher und zäher Metalle sind, um so größer ist ihre Dehnbarkeit. Bei der Musterung der Schildkröte wurde das Material bis zur äußersten Grenze der Dehnbarkeit gestreckt.
Abb. 198: Die Form der Schnecke ist ornamental reich gegliedert, was sich besonders in der Verschiedenartigkeit der Muster ausdrückt. Material: dünnes Zinnblech.

197

198

199

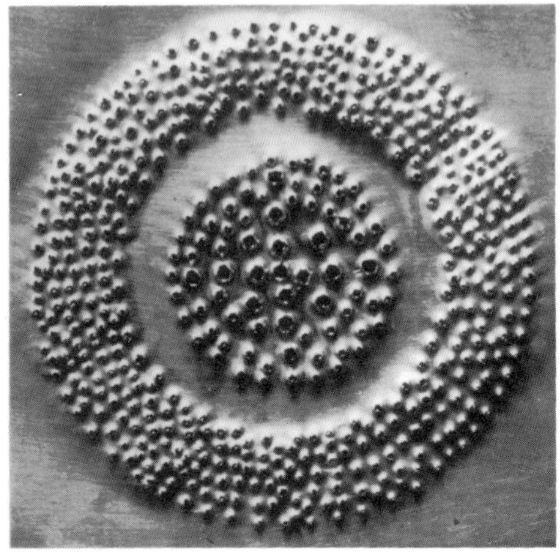

200 J 12

201 J 13

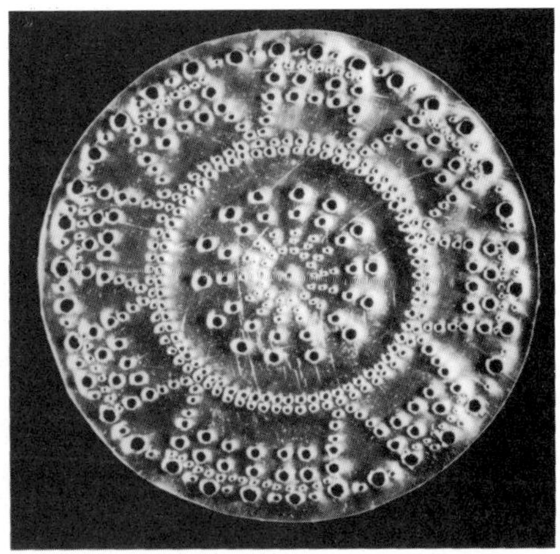

202

Abb. 199 – 202: Gliederung einer Kreisfläche mit größeren und kleineren Durchbrüchen.

203 J 13

204 J 12

205 J 13

Der eigentliche Zweck des Lochens besteht darin, Bleche als Flächen leichter zu machen (Lochblech) oder mit Hilfe eines Loches konstruktive Verbindungen (Nieten, Schrauben) zu schaffen. Bei diesen Übungen tritt das Loch nur als Bildelement in Erscheinung. Formal haben Loch oder Durchbruch punkthaften Charakter. Das Lochen kann bei dünnen Blechen oder Folien auf einer weichen Unterlage (Dämmplatte) durchgeführt werden. Als Lochwerkzeuge dienen Zirkelspitze, Nägel, Vorstecher oder Durchschläge. Beim Lochen wird der Werkstoff an den Rändern des Durchbruchs gewaltsam verformt. An der Unterseite des gelochten Teils zeigen sich eine starke Stauchung und ein Grat.
Abb. 203 – 205: Aluminiumfolien wurden strukturiert und zum Zylinder gebogen. Die Verbindung erfolgte mit Alleskleber. Besonders reizvoll ist die Spiegelung des Lichts auf dem glänzenden Metall. Auf die hier gezeigte Weise lassen sich Laternen herstellen.

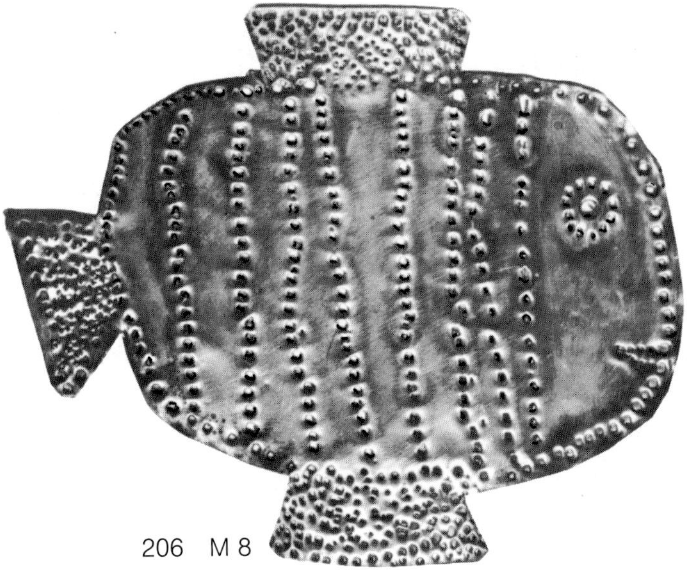

206 M 8

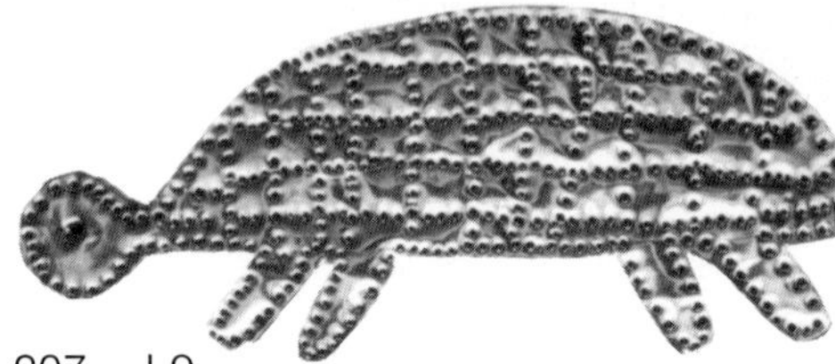

207 J 9

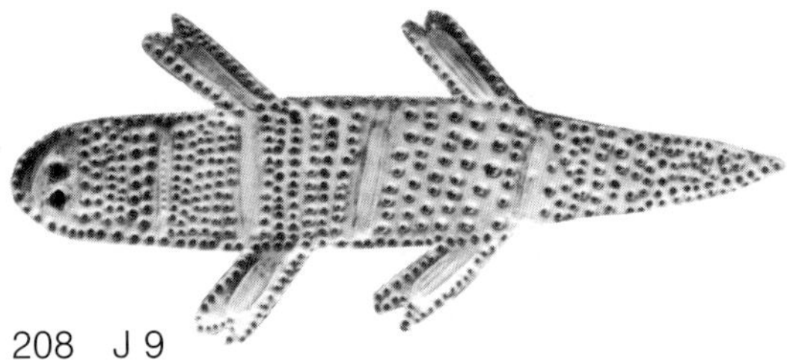

208 J 9

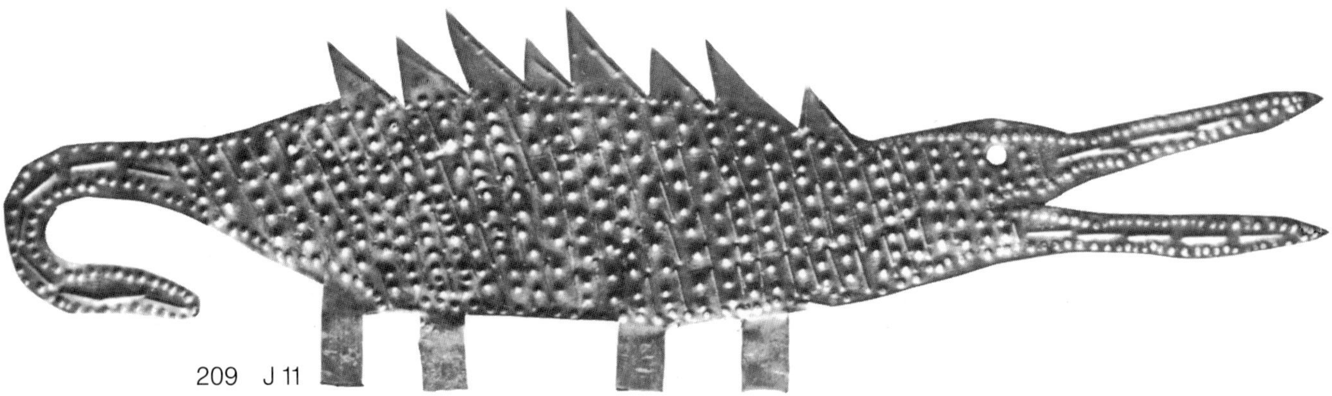

209 J 11

Abb. 206 – 209: Gelochte und punzierte Tierformen aus weichem Aluminiumblech (0,2 mm stark), zuvor mit alten Scheren ausgeschnitten.

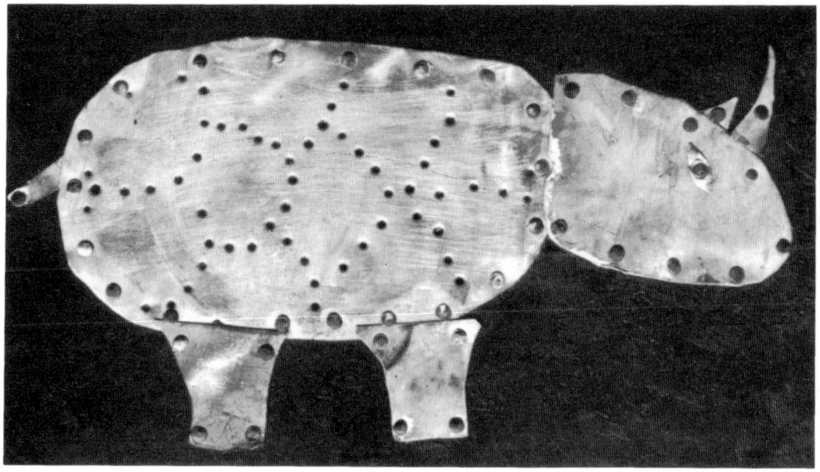

210 J 12

211 J 14

Montieren durch Nageln und Verknüpfen

Vom Montieren sprechen wir, wenn einzelne Formteile oder Elemente einander zugeordnet und zu einer Gesamtform zusammengefügt werden. Als Material nehmen wir dünne Bleche, vor allem Weißbleche, die wir mit einer Goldarbeiterschere leicht schneiden können. Die nächsten Seiten zeigen das montierende Verfahren bei flächigen und reliefhaften Gestaltungen. Der Grund, auf dem montiert wird, besteht aus einer dunkel grundierten Platte aus Holz (Span-, Sperrholzplatte) oder einem Drahtgewebe.

Abb. 210, 211: Montagearbeiten aus Einzelformen, die aufeinander bezogen sind. Kopf, Rumpf und Beine, aus dünnen Blechen ausgeschnitten, mit gelochten und punzierten Mustern versehen und auf Grundplatten aufgenagelt. Die Nagelköpfe sind als Punktelemente in die Gestaltung einbezogen.

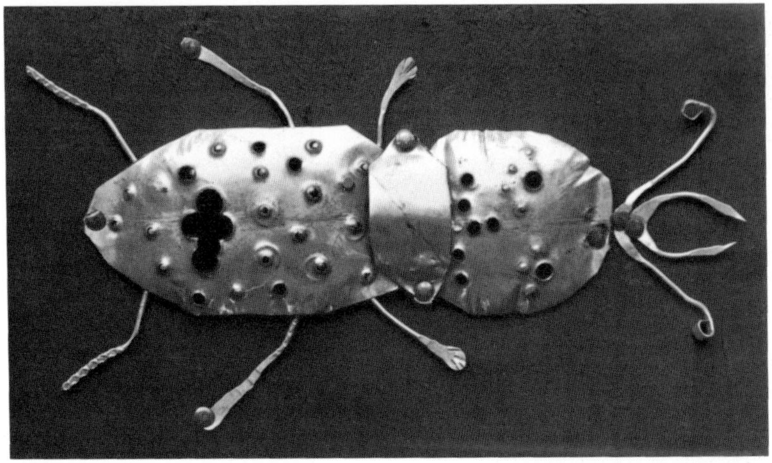

212 J 11

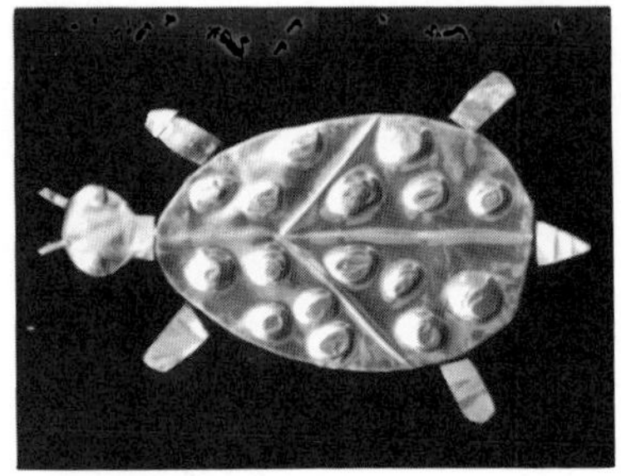

213 J 6

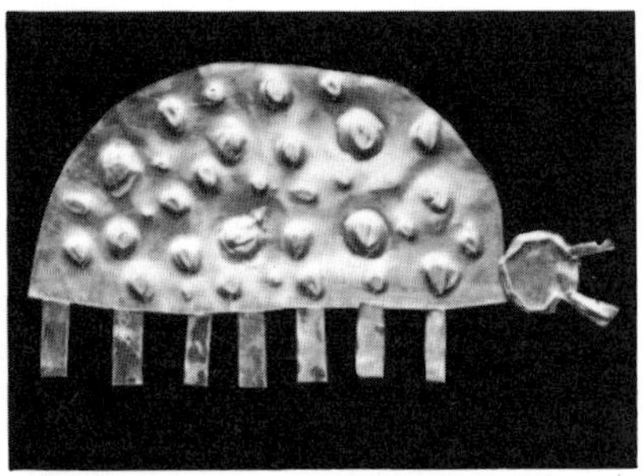

214 M 6

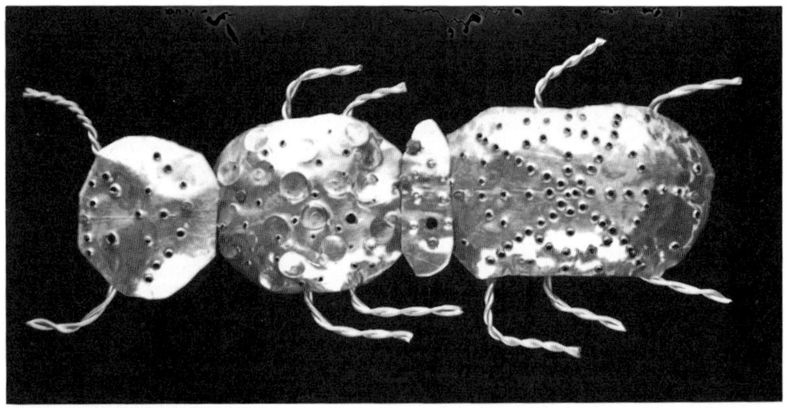

215 J 11

Abb. 212, 215: Zwei Käferformen von elfjährigen Jungen. Arbeiten, bei denen neben formalen Erkenntnissen eine Reihe von Materialerfahrungen mit Blech und Draht gemacht werden.
Abb. 213, 214: „Marienkäfer". Aus Aluminiumfolie von Schulanfängern gefertigt und mit Alleskleber aufgeklebt.

216 J 14

217 J 14

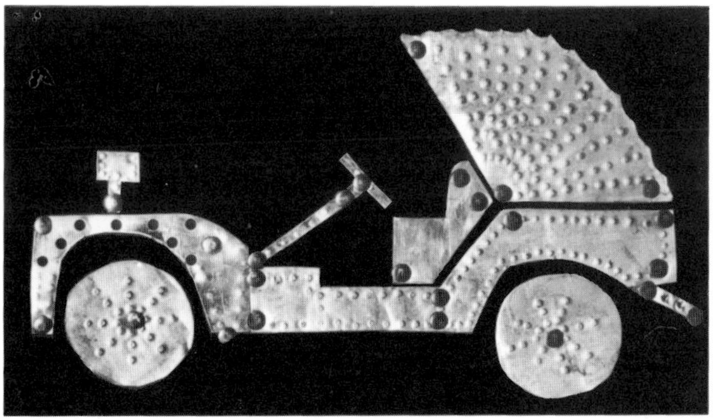
218 J 14

219 J 14

Abb. 216 – 219: „Auto“. Themenstellungen aus dem Bereich der Technik finden beim Schüler immer ein besonderes Interesse. Das Thema ist hier nicht unter funktionalem, sondern unter bildnerischem Aspekt gestellt. Montage punzierter Weißblechstücke durch Nageln.

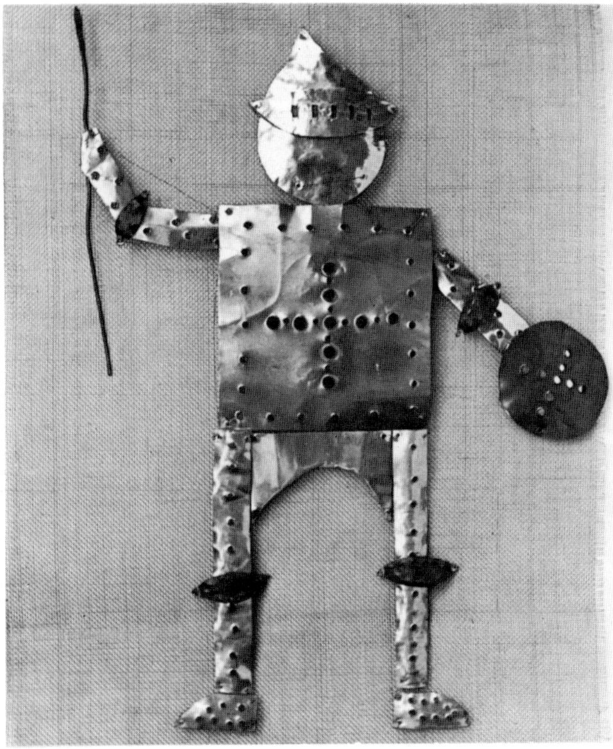

220 J 11

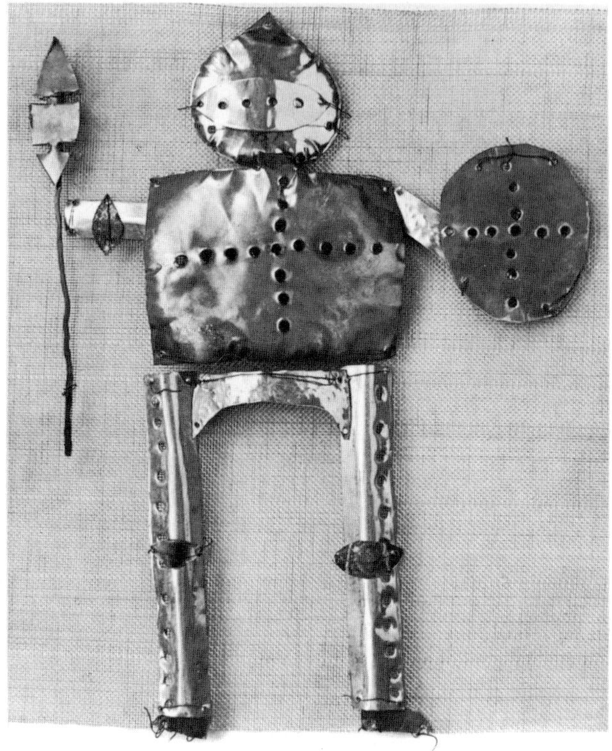

221 J 11

Abb. 220, 221: Die inhaltliche Thematik „Ritter mit Rüstung“ fordert unmittelbar zu einer Auseinandersetzung mit dem Werkstoff Metall heraus. Sie entspricht auch dem Interesse und Erfahrungsbereich des Elfjährigen. Die bildnerische Ordnung wird sowohl von dem verwendeten Material Blech, von dem additiven Verfahren des Montierens als auch von den benutzten Werkzeugen bedingt. Die Teile, aus denen sich die Figuren aufbauen, wurden bewußt auf die Grundformen Quadrat, Rechteck, Kreis und Oval beschränkt. Einzelne Formen sind durch Treiben plastisch erhöht (Abb. 221) und durch Lochen weiter gegliedert und gemustert. Die Verbindung mit dem Drahtgewebegrund erfolgte durch dünne Drähte. Eine Verwendung verschiedenfarbiger Bleche und Folien ergibt eine feine Farbakzentuierung. Reiche Farbigkeit wird erzielt, wenn das Blech mit der Lötlampe mäßig erhitzt wird, so daß es „anläuft“.

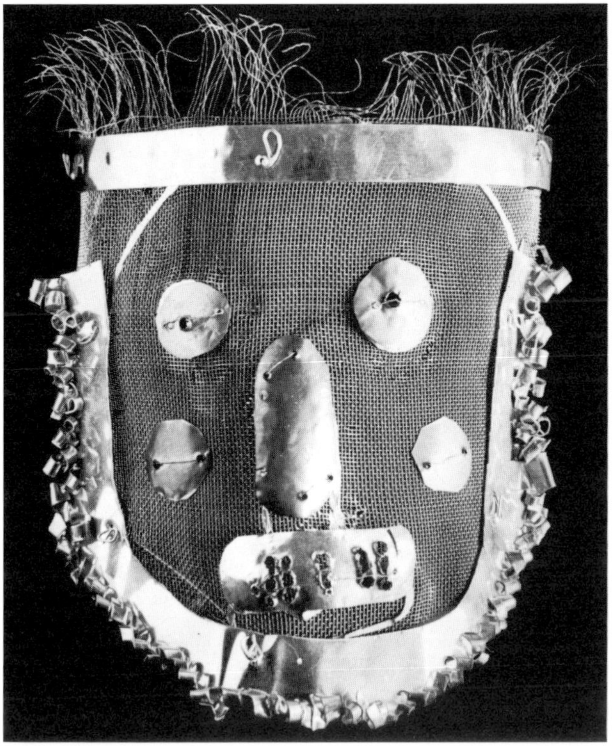

222 J 12

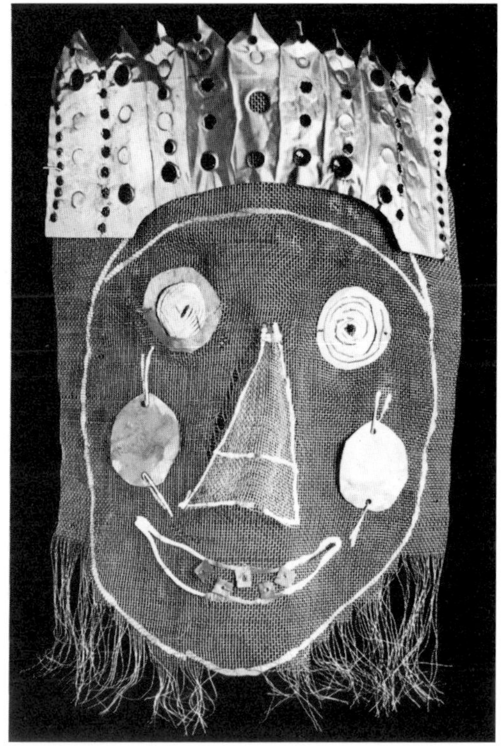

223 J 12

Abb. 222: Das Thema „Maske“ bietet für die Metallarbeit, insbesondere für das montierende Verfahren, interessante Möglichkeiten. Auf eine Grundfläche aus Drahtgewebe hat hier der Schüler Weißblechformen montiert. Die Löcher, die den Verbindungsdraht aufnehmen, sind gleichzeitig als bildnerische Formen verwendet. Der spannungsvolle Ausdruck der Gesamtform beruht auf dem Kontrast zwischen den glatten glänzenden Blechteilen und dem matten strukturierten Gewebegrund.
Abb. 223: Neben der Fläche tritt die Linie als bildnerisches Element in Erscheinung. Mit aufgehämmertem weichem Aluminiumdraht wurden Gesicht, Mund, Nase und Augen vom Gewebegrund abgegrenzt und näher gekennzeichnet. Eine aus dünnem Messingblech geschnittene und gelochte Krone schließt die Gesichtsform nach oben ab.

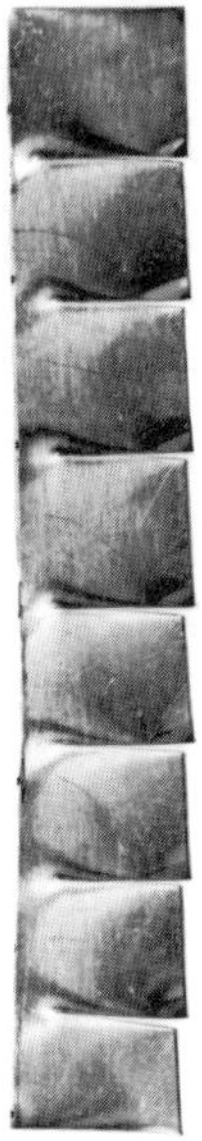
224 J 10

225 J 11

226 J 11

227 J 10

228

Biegen und Schneiden

Eine intensive Auseinandersetzung mit dem Material Blech erfordert systematische Übungen. Die Abbildungen zeigen Beispiele aus einer methodischen Reihe, die mit einfachen Übungen beginnt und stufenweise zu differenzierteren Aufgaben fortschreitet. Ausgangsform ist ein rechteckiger Blechstreifen, der mit einer Goldarbeiterschere eingeschnitten wird.
Abb. 224 – 226: Einschneiden von einer Seite in gleichen und verschiedenen Breiten und unterschiedliches Biegen. Material: Weißblech, 0,2 mm stark.
Abb. 227, 228: Streifen, von zwei Seiten eingeschnitten. Die natürliche Verformung des Blechs, durch zusätzliches Biegen und Rollen betont und weiterentwickelt.
Abb. 229, 230: Interessante plastische Gebilde, die aus den Gesetzlichkeiten des Materials und dem Schneidevorgang entwickelt wurden.

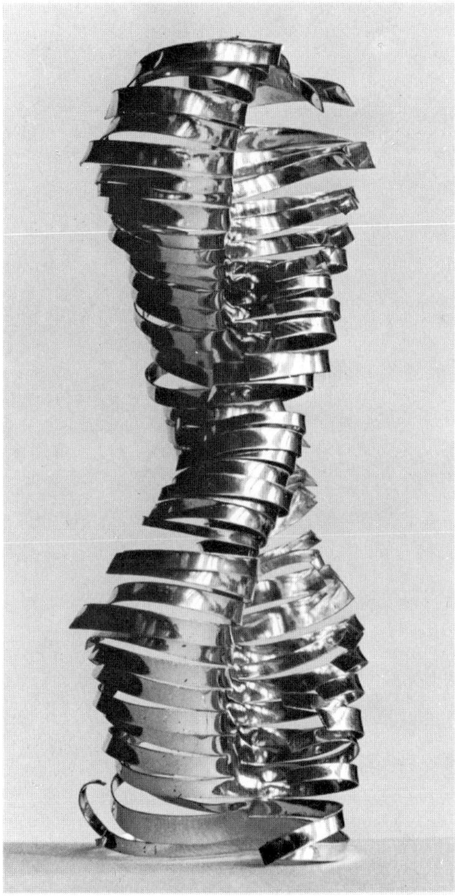
229

230

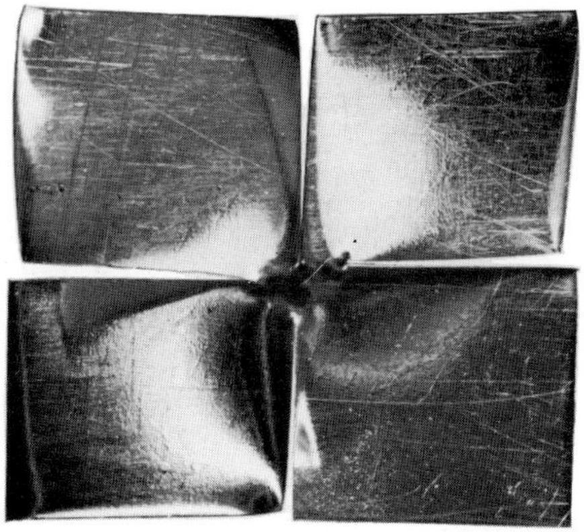

231 J 10

232 J 11

Das Blech hat genau wie das Papier eine Laufrichtung. Beim Herstellungsverfahren läuft es durch eine Walzenpresse und wird in dieser Richtung gestreckt. Das hat zur Folge, daß sich das Blech in der Walzrichtung schwerer biegen läßt. Diese Erfahrungen macht man, wenn man sich im entdeckenden und gestaltenden Spiel mit dem Werkstoff auseinandersetzt. Eine andere Erfahrung ergibt sich, wenn man die Wirkungsweise der Blechschere beobachtet. Beim Schneiden wird das Material „geschert", d. h. die Teile rechts und links des Schnittes werden nach oben bzw. nach unten gedrückt. Als Ausgangsmaterial für unsere Übungen dient hier ein quadratisches Stück Weißblech mit ca. 10 cm Seitenlänge.
Abb. 231, 232: Wird das Weißblech horizontal, vertikal und diagonal mit der Goldarbeiterschere in der Mitte eingeschnitten, so biegt sich der rechte Teil nach unten und der linke nach oben (Abb. 231). Es entstehen räumliche Formen.
Abb. 233 – 236: Wird ein schmaler Einschnitt an den Außenseiten des Blechstückes vorgenommen, so drückt die Schere je nach Lage das Blech einmal nach oben, das andere Mal nach unten (Abb. 236). Diese Möglichkeiten des Biegungswechsels werden in den vier Beispielen bewußt als formales Mittel verwendet, um die Fläche zu ordnen und räumlich zu gliedern.

233 J 11

234 J 10

235 J 11

236 J 11

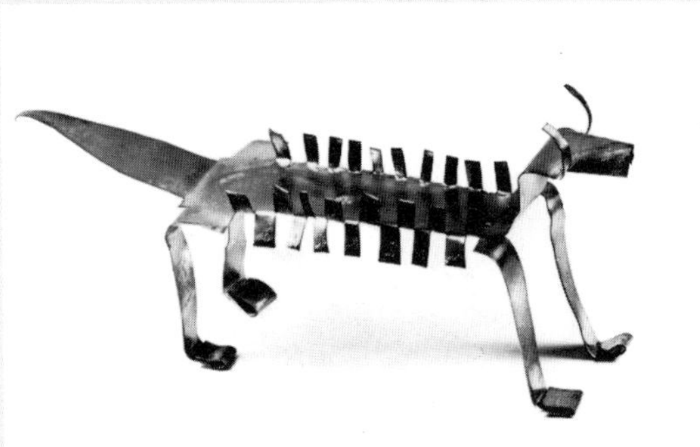
237 M 12

238 J 11

239

240

Die bei den vorangegangenen Übungen gewonnenen Erfahrungen sind hier an figürlichen Themen fruchtbar geworden. Wichtig ist, daß der Gestaltungsvorgang durch sinnvolle Spielregeln gesteuert wird. Bei unseren Beispielen sollte ein rechteckiges Stück Blech mit der Goldarbeiterschere eingeschnitten werden, ohne daß vom Material etwas wegfällt. Die Einschnitte waren so abzubiegen, daß ein räumlich-plastisches Gebilde entsteht.

Abb. 237: „Vierbeiner“. Zuerst wurde die Schmalseite eines Bleches (ca. 60 x 180 mm) gleichmäßig tief eingeschnitten und zu Beinen abgebogen. Aus den mittleren Blechstreifen entstanden Kopf und Schwanz. Durch kleine Querschnitte, wechselseitig nach unten und nach oben gebogen, wurde der Körper räumlich gegliedert.

Abb. 238: „Kriechtier“, durch seitliche Schrägschnitte geformt.

Abb. 239: „Insekt“. Der einheitliche Formaufbau wird wesentlich dadurch bestimmt, daß nur Längsschnitte durchgeführt wurden. Das Weißblech wurde anschließend mit der Lötlampe matt gefärbt.

Abb. 240: Aus einer flächigen Blechform entstand eine plastische Tierform mit starkem Ausdruck.

241

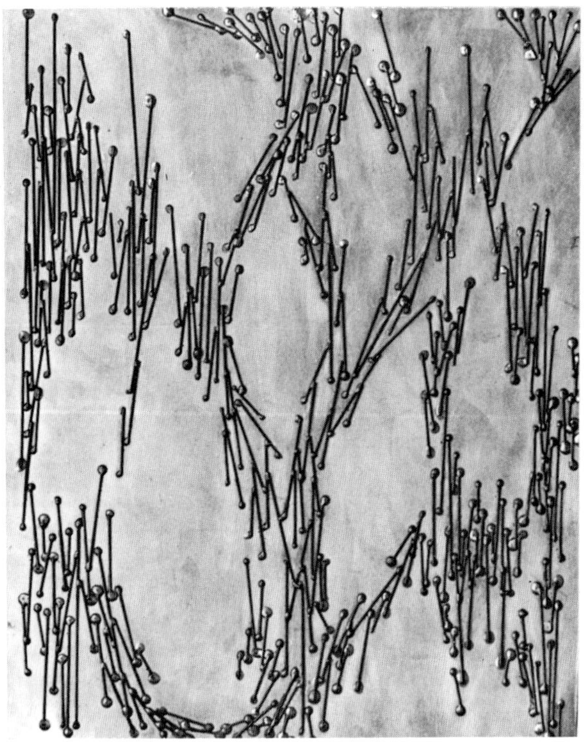

242

Relief durch Löten und Nieten

Wird Draht auf eine Grundfläche aus Blech aufgelötet, so entsteht durch die Körperhaftigkeit des Materials eine flachräumliche Wirkung.

Abb. 241: Flächengliederung durch horizontal und vertikal gerichtete Drähte. Die Linie tritt hierbei als flächenbildendes Element auf. Verdichtung im Zentrum und Auflösung in den Randzonen bilden die Kompositionsmittel.

Abb. 242: Kurze Drahtstücke dienen als Strukturelemente für rhythmische Bewegungsabläufe. Leere Flächenteile werden zur Form. Die Lötstelle wird bewußt als bildnerisches Mittel (Punkt) eingesetzt.

Abb. 243: Dicht aneinandergelötete Drähte bilden eine Flächenbahn, wobei sie sich teilweise überlagern.

Abb. 244: Diese Reliefarbeit wird von einem feinen Spiel aus Licht und Schatten überzogen. Die zahlreichen Hell-Dunkel-Stufungen bringen das Ganze in eine schwingende Bewegung und erzeugen durch die starke Lichtreflexion des Weißblechs eine facettenhafte Wirkung. Als Ausgangsform wurden Blechstreifen unterschiedlicher Breite gewählt, die mit der Flachzange mehrmals winklig abgebogen wurden. In einer symmetrischen Ordnung zusammengefügt, ergeben sie eine interessante Reliefkomposition.

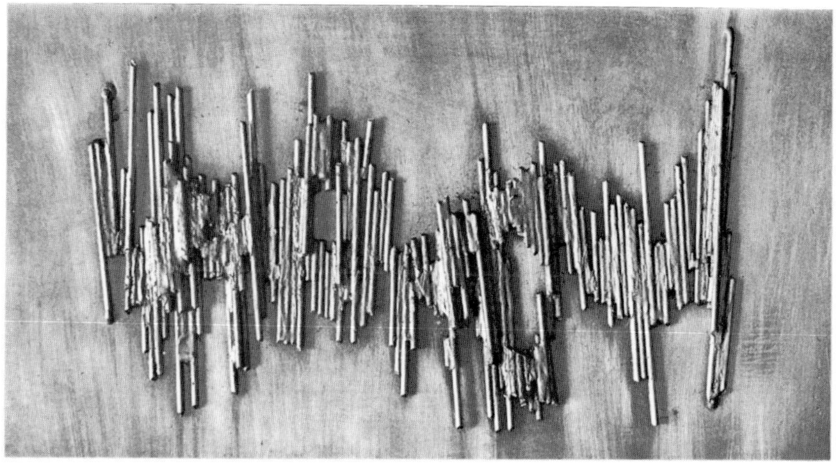
243

244

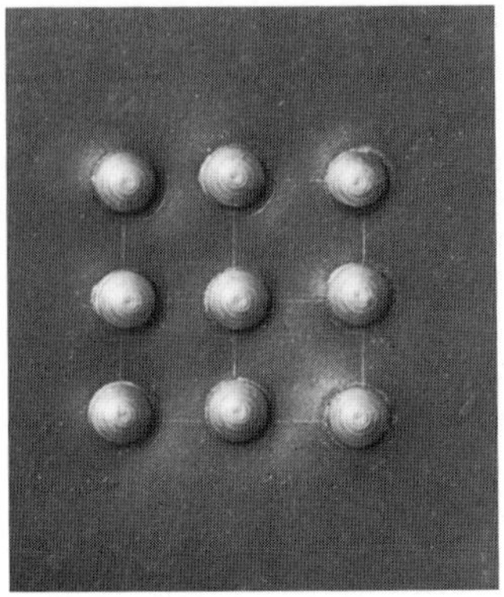
245

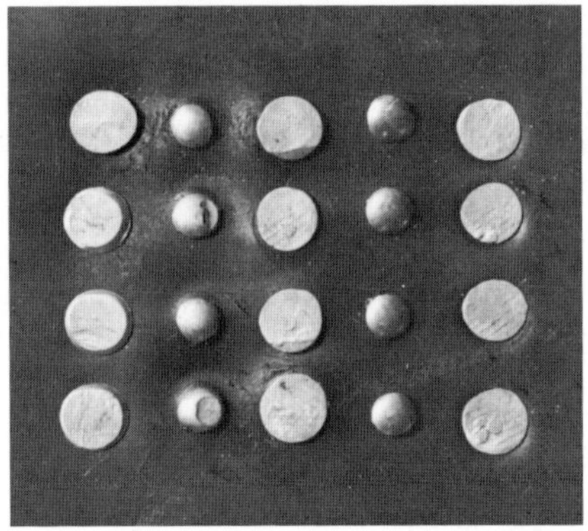
246

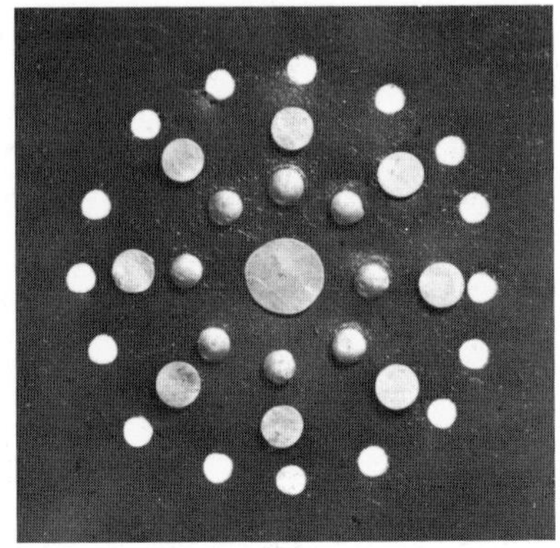
247

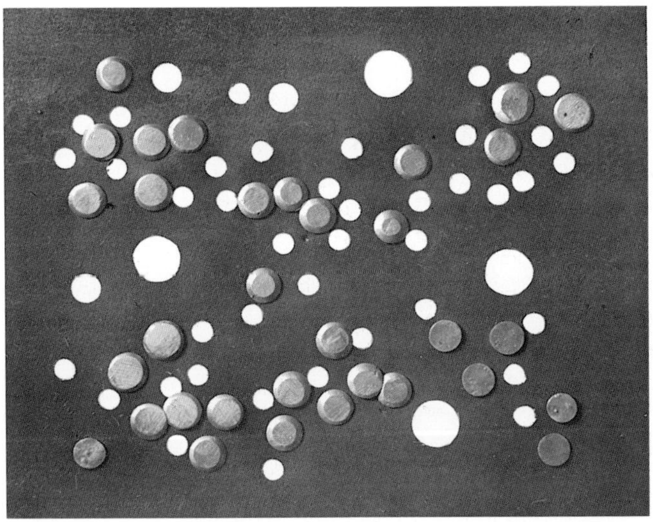
248

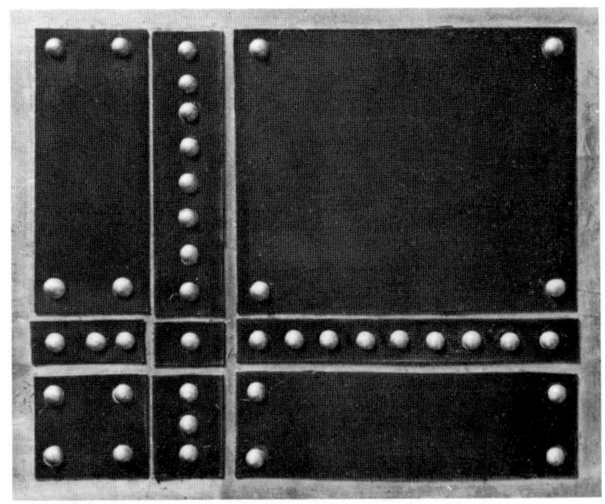
249

Die eigentliche Funktion des Nietens besteht darin, zwei Metallteile fest miteinander zu verbinden. In den Abb. 245 – 248 wurde der Niet nur als bildnerisches Element verwendet. Der Niet hat in seiner Form punkthaften Charakter. Durch Klopfen kann er in seiner Größe so verändert werden, daß er sich bis zur Fläche ausweitet.

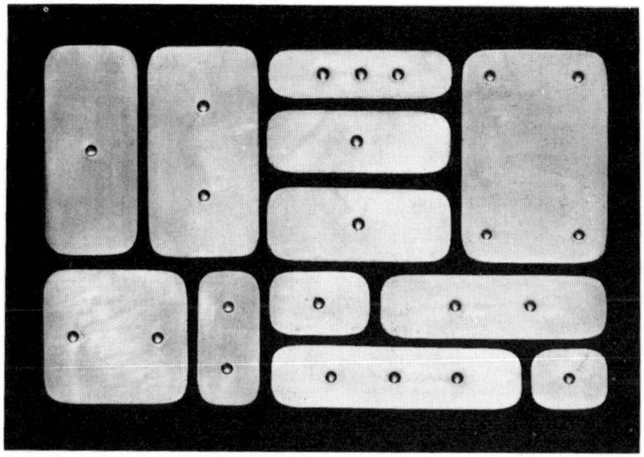
250

251

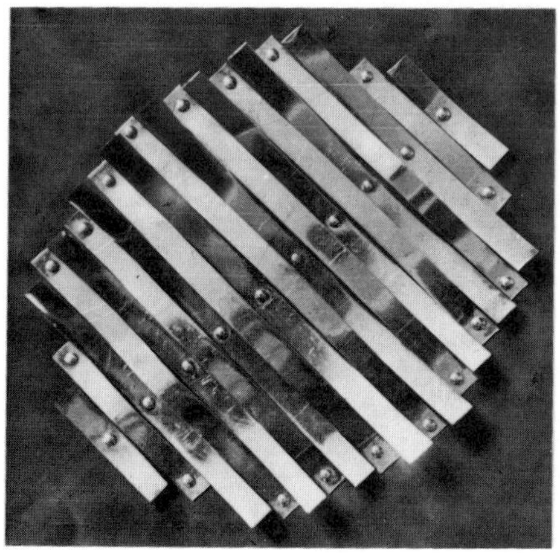
252

253

Abb. 249 – 253: Durch Aufnieten von Blechteilen wird die Fläche als weiteres Bildelement mit einbezogen. Bei Abb. 251 sind getriebene Rundformen, bei Abb. 252 und Abb. 253 gewölbte Blechstreifen aufgenietet. Dadurch erhalten die Gliederungen reliefhaften Charakter.

254

255

Gießen

Das Gießen gehört zu den ältesten Verfahren der Metallverarbeitung. Der Vorgang besteht darin, daß Metall erhitzt und im flüssigen Zustand in eine vorgegebene Form gegossen wird. Beim Abkühlen erstarrt die Masse und bildet die Gußform ab. Man unterscheidet zwischen Vollguß und Hohlguß. Die hier gezeigten Arbeiten sind Vollgüsse, d. h. massive Formen. Für die Herstellung der Gußformen wählen wir ein einfaches Verfahren, den sogenannten „Negativschnitt". Dabei wird das Motiv negativ in Gipsplatten, Schiefer oder Speckstein eingeschnitten bzw. eingeritzt. Durch Ausgießen der Negativform mit einer Zink-Blei-Legierung (Lötstangenzinn) erhalten wir die Positivform (siehe technische Hinweise am Schluß des Buches).
Abb. 254: Bei diesen Gußarbeiten besteht die Negativform aus dünnem Kupferblech, in das die Motive eingedrückt sind. Durch das Eingießen der heißen Gußmasse „laufen" die Metallformen an und changieren farblich von Gelb über Rot bis Violett. Dagegen zeigen die Gußteile aus Lötstangenzinn einen einheitlich graublauen Farbton.
Abb. 255 – 264: Für diese Arbeiten wurden Gips- und Schieferplatten als Gußformen verwendet. Während eine in Gips geschnittene Gußform eine stärkere plastische Form ermöglicht (Abb. 257), bleibt eine in Schiefer eingeritzte Form reliefhaft-linear (Abb. 261).

256

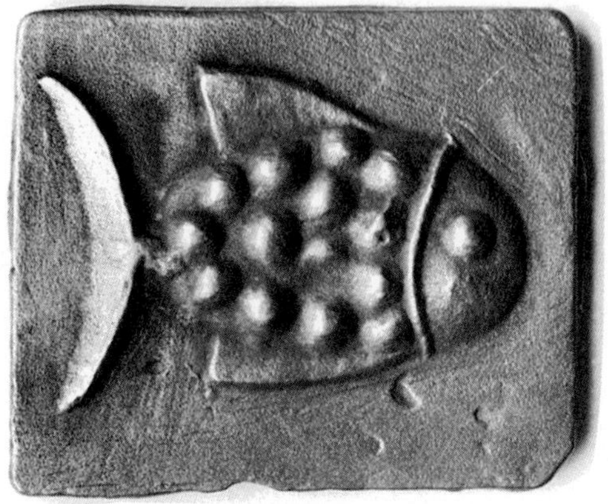
257

258

259

260

261

262

263

264

265

Gefäße

Für das Herstellen von Gefäßen aus einem Stück Blech gibt es zwei Arbeitsverfahren: das Auftiefen und das Aufziehen.
Abb. 265: Schalen, aufgetieft. Für die Formgebung ist es wichtig, daß die Schale in Boden- und Wandzone klar gegliedert wird und daß die Maßverhältnisse gut aufeinander abgestimmt werden. Material: weiches Kupferblech, 0,8 mm stark.
Abb. 266 – 269: Aufgezogene Gefäße. Formal überzeugende Lösungen, die bei aller Einfachheit ausgeprägten Eigencharakter aufweisen. Das Verfahren zwingt zu einfachen Formen und damit zur Beschränkung auf das Wesentliche. Besondere Beachtung verdient die Führung der Wandung. Sie kann zylindrisch sein (Abb. 266), nach außen schwingen (Abb. 267 links), gradlinig schräg nach außen verlaufen (Abb. 268) oder wie bei Abb. 269 leicht gewölbt sein. Bei dem rechten Becher auf Abb. 267 wurde die Wölbung der oberen Wandzone spannungsvoll zu der gradlinig verlaufenden unteren Zone in Gegensatz gesetzt.

266

267

268

269

Abb. 266: Aus Silberblech aufgezogenes Gefäß, glattgeschliffen und poliert.
Abb. 267, 268: Becher aus weichem Kupferblech, 0,8 mm. Die Randzone des linken Bechers (268) wurde mit Hilfe eines Schrotmeißels zusätzlich strukturiert.
Abb. 269: Durch den emaillierten Rand erfährt diese Gefäßform eine weitere farbige und formmäßige Akzentuierung.
Abb. 270: Zylindrische Gefäße, im Montageverfahren aus zwei Teilen zusammengesetzt. Gefäßwandung aus einem rechteckig zugeschnittenen Stück Blech, über einem Rundholz zum Mantel gerundet, Boden als Kreisscheibe eingesetzt, Nähte hart gelötet.
Abb. 271: Verschiedene Gefäßformen aus Kupfer-, Messing- und Aluminiumblech.

270

271

272

273

274

Abb. 272 – 274: Zu den Gefäßen, die wir in einfachen Verfahren aus Metall herstellen können, gehören auch Dosen und kubische Behälter.
Im Gegensatz zu den aufgetieften und aufgezogenen Formen, die aus einem Stück Blech getrieben sind, haben wir es bei den Dosen mit einem montierenden Verfahren zu tun, bei dem Gefäß und Deckel aus einzelnen Teilen zusammengesetzt werden.
Bei den Kästen (Abb. 272 und Abb. 273) sind Unterteil und Oberteil jeweils aus einem Stück Blech gefertigt, wobei das Blech in Form der Abwicklung zugeschnitten wurde. Die Seitenteile sind im Abkantverfahren hochgebogen, die Nähte hart verlötet. Material: Dosen aus Kupferblech; Kästen aus Kupfer- und Messingblech, Deckel dunkel gefärbt.

275

276

Abb. 275, 276: Emaillierte Schalen und Kerzenhalter, Material: weiches Kupferblech.

Emaillieren

Das Emaillieren wird als beliebtes und vielgeübtes Hobby vornehmlich zur farblichen Gestaltung kleinerer Gefäße und zur Herstellung von Schmuckformen betrieben. Wir sehen es umfassender: von Probieren und Experimentieren über freies und gelenktes Spiel bis zu Entwurf und Herstellung von Gebrauchsformen.
Aus dem umfänglichen Bereich der Emailtechnik haben wir für dieses Sonderkapitel repräsentative Beispiele für reine Farbkompositionen mit Email und Kombinationen von Emailfarben mit metallischen Werkstoffen ausgewählt. Der Leser wird bei aufmerksamer Betrachtung der Abbildungen viele Hinweise und Anregungen finden, die ihn motivieren, selbst zu probieren und eigene Wege zu suchen.

Zum Verfahren:
Beim Emaillieren werden Metall und Glas, zwei völlig verschiedene Werkstoffe, miteinander verbunden. Als Emailliergrund verwendet man im allgemeinen Kupferblech.
Im Emailbrennofen wird das Email auf den Metallgrund aufgeschmolzen.
Bei Emailfarben unterscheidet man Opakemail, Transparentemail und Fondant.
Opake Emails sind deckende, undurchsichtige Farben, die den Metallgrund vollständig abdecken. Sie stehen gut nebeneinander und aufeinander. Transparente Emails sind durchsichtige, farbig leuchtende Gläser, die den Untergrund durchscheinen lassen.
Emailfarben sind nicht mischbar, d. h., sie können nicht zu neuen Farbtönen gemischt werden, wie wir es von den Malfarben her kennen. Farbänderungen erreicht man, indem transparente Emails in mehr oder weniger starker Schicht auf opakes Grundemail aufgeschmolzen werden.
Das Fondant, ein durchsichtiges farbloses Email, wird als Überzugsschicht verwendet.
Abb. 277: Spiel mit der Farbe. Die Farbtafel zeigt einfache Übungen zur farblichen Flächengliederung im kalten und warmen Farbspektrum unter Einbeziehung der Nichtfarben Schwarz und Weiß (Harmonisierung, Kontrastierung). Für solch subtile Farbgebung sind Vorversuche und Probebrände erforderlich, um farbliche Möglichkeiten und Farbkompositionen zu erkunden.
Naß aufgetragene opake und transparente Emails, in zwei Bränden aufgeschmolzen.

277

278

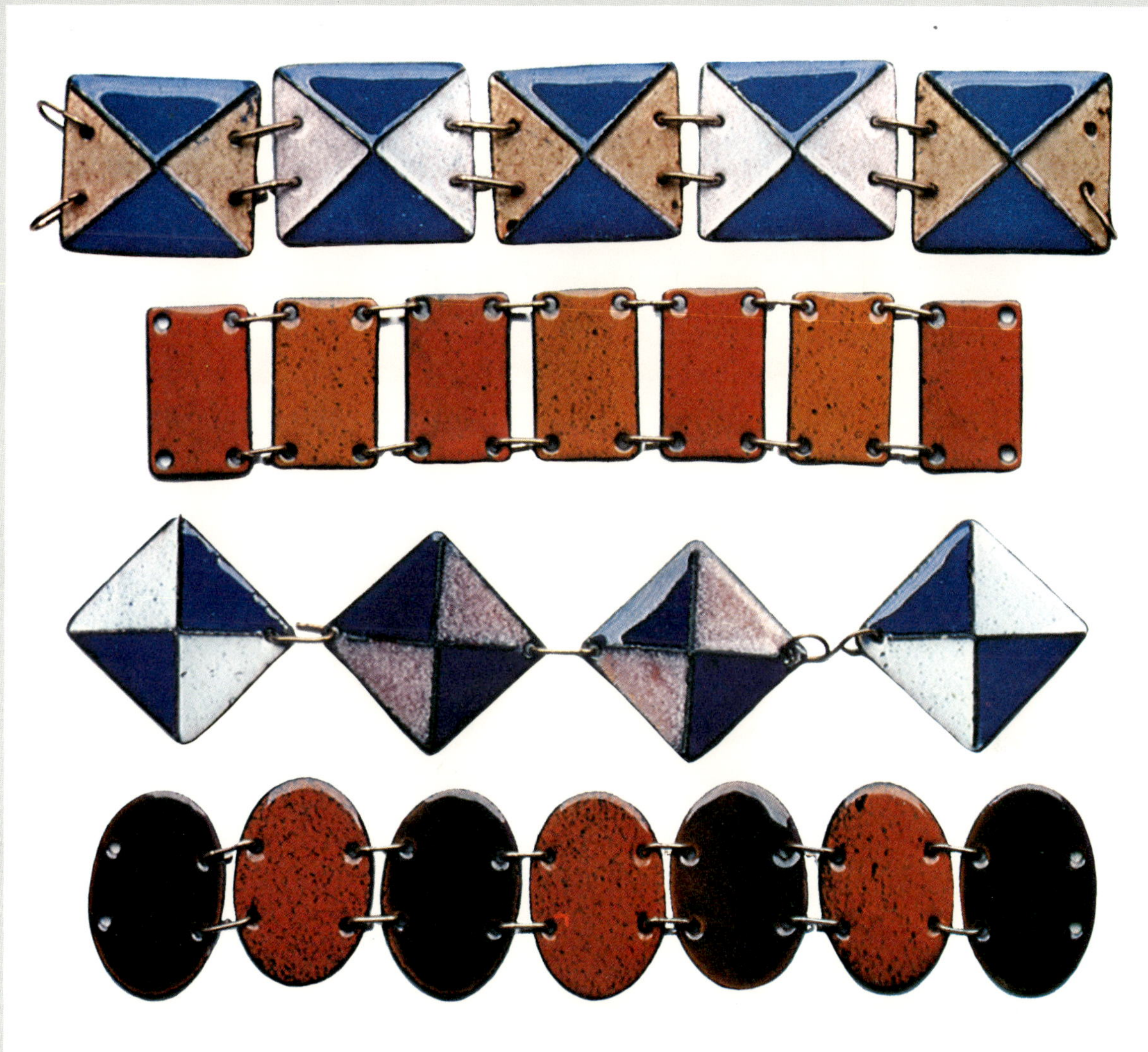

279

Abb. 278: Halsschmuck. Die Emailfarben sind mit einem Pinsel feucht aufgetragen. Die walzenförmigen Perlen wurden aus Buchenrundstäben hergestellt.
Abb. 279: Gliederarmbänder. Wiederholung gleicher Grundformen, z. T. farbig variiert.

280

Abb. 280: Emailarbeiten in Zellenschmelztechnik (Stegemail). Als Motive sind Tierformen gewählt, deren charakteristische Ansicht die Draufsicht ist. Die Formteile sind aus Kupferdraht gebogen, wobei die Linienführung durch die Materialeigenschaft bestimmt wird. Die „Drahtzeichnung“ wurde nach dem Einbrennen in das Grundemail mit Opak- und Transparentemails farbig ausgestaltet.
Abb. 281: Emailarbeiten mit aufgeschmolzenen Blechteilen. Auf quadratische Kupferplatten (5 x 5 cm) ist Grundemail aufgetragen. Die Grundflächen sind mit aufgelegten Blechteilen reliefhaft gegliedert und durch Aufschmelzen vom Email farbig angelegt. Bei Aufgaben dieser Art sollte die Gliederung der Fläche durch Vorentwürfe mit Papier und die Farbgebung durch Probebrände erkundet werden.

281

Zu den auf den Seiten 86 und 87 dargestellten Verfahren der Zellenschmelztechnik und des Aufschmelzens von Blechteilen einige Hinweise.
Zellenschmelz: Bei dieser Technik wird zuerst ein Grundemail auf die Metallplatte aufgesiebt und aufgeschmolzen (1. Brand). Die Drähte werden mit Haftmittel (Tragant) aufgeklebt und nach dem Trocknen eingebrannt (2. Brand). Beim erneuten Schmelzen des Emails sinken die Drähte in den Grund ein. Im Bedarfsfalle lassen sie sich unmittelbar nach dem Brand noch in die weiche Emailmasse eindrücken. Die entstandenen Zellen können nun mit angefeuchteten Emailfarben ausgefüllt werden. Die neu aufgetragenen Emailfarben werden in einem 3. Brand eingeschmolzen. Hierbei verhindern die Drähte ein Ineinanderlaufen der Farben, so daß klar abgegrenzte Farbflächen erhalten bleiben. Die schwarz verzunderten Drähte lassen sich mit einer Metallfeile blankfeilen.
Aufschmelzen von Blechteilen: Als Material eignet sich dünneres Blech, ca. 0,4 bis 0,6 mm stark. Die zugeschnittenen Blechteile werden auf die beschichtete Grundplatte aufgelegt und mit Tragant fixiert. Die farbliche Gestaltung erfolgt mit angefeuchtetem Email, das mit dem Pinsel aufgetragen wird. Während des Brandes (2. Brand) und unmittelbar nach dem Brand können die beschichteten Blechteile in das weiche Grundemail eingedrückt werden.
Abb. 282: Emailarbeiten mit aufgeschmolzenen Drähten, Drahtgeweben und Folien. Hier waren die Grundplatten mit weißem und schwarzem Email zu beschichten und mit aufgelegten Materialien bildnerisch zu ordnen. Bei der ersten Arbeit sind Kupferdrähte senkrecht in Spiegelsymmetrie angeordnet und so gebogen, daß ihre Bewegungen miteinander korrespondieren. Bei einer weiteren Gruppe von Arbeiten ist Drahtgewebe unterschiedlicher Maschenweite verwendet. Die Gewebe sind teilweise durch Heraustrennen von Gewebeteilen gegliedert, bei anderen sind die Maschen nach der Art des Stegemails mit Emailfarben gefüllt. In der unteren Reihe wurde bei zwei Arbeiten gefaltete und gedrückte Kupferfolie aufgeschmolzen. Die Folie ist mit farblosem durchsichtigem Fondant überzogen, so daß der Kupfergrund durchscheint.

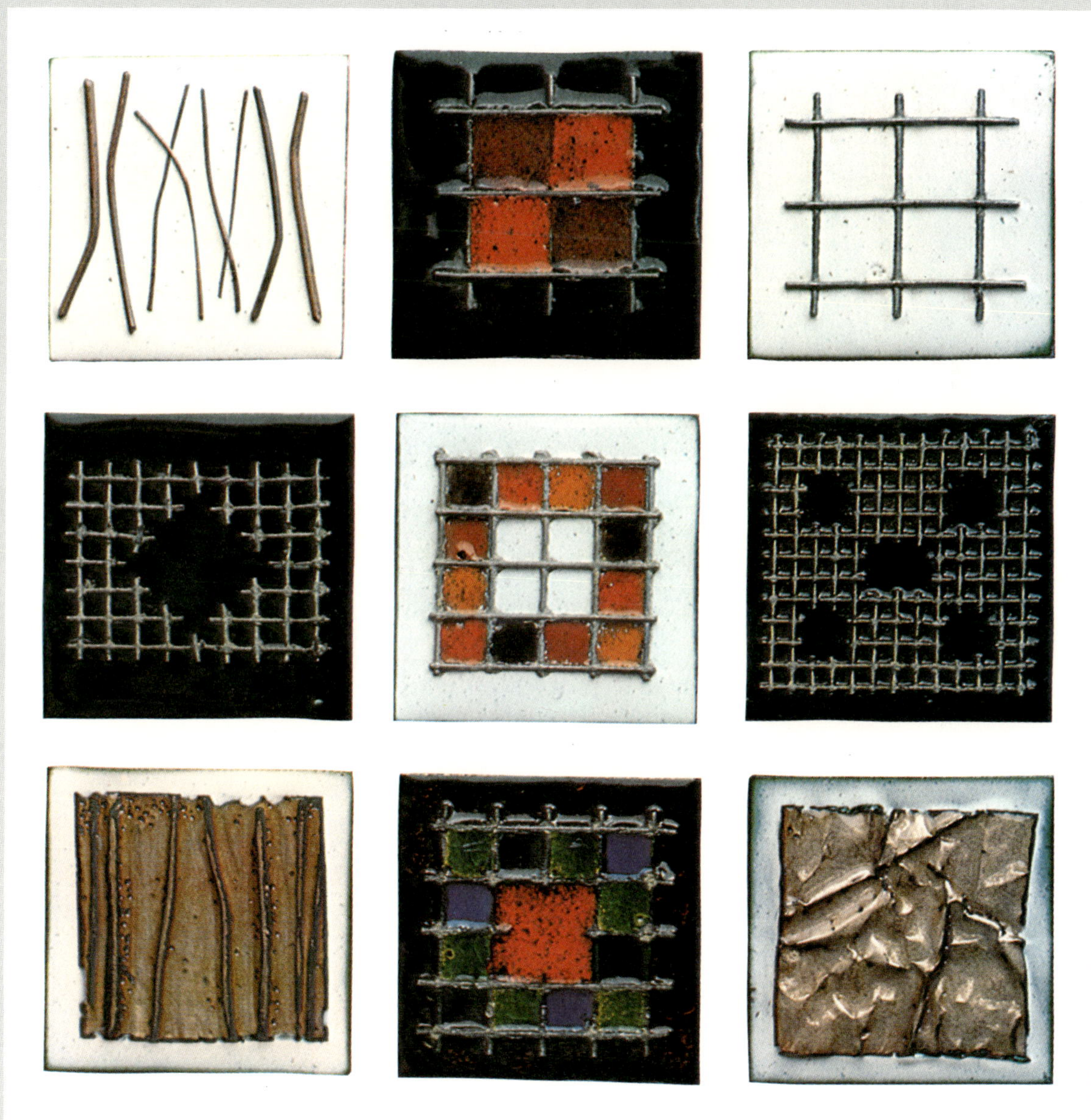

282

283

Abb. 283: Flächengliederungen mit aufgeschmolzenen Geweben, Drähten und Formteilen aus Blech.
Abb. 284: Die Kreisfläche und ihre Abwandlung. Die Reihe zeigt Variationen der Grundform nach der Art der Spaltgliederung, wie sie im Band „Die Fläche“ behandelt wird. Der Wechsel von weiß und schwarz emaillierten Grundplatten in schachbrettartiger Anordnung fügt die Einzelelemente zu einem Ganzen zusammen. Bei den schwarzen Grundplatten ist Messingblech aufgeschmolzen, bei den weißen sind die Blechteile überemailliert.

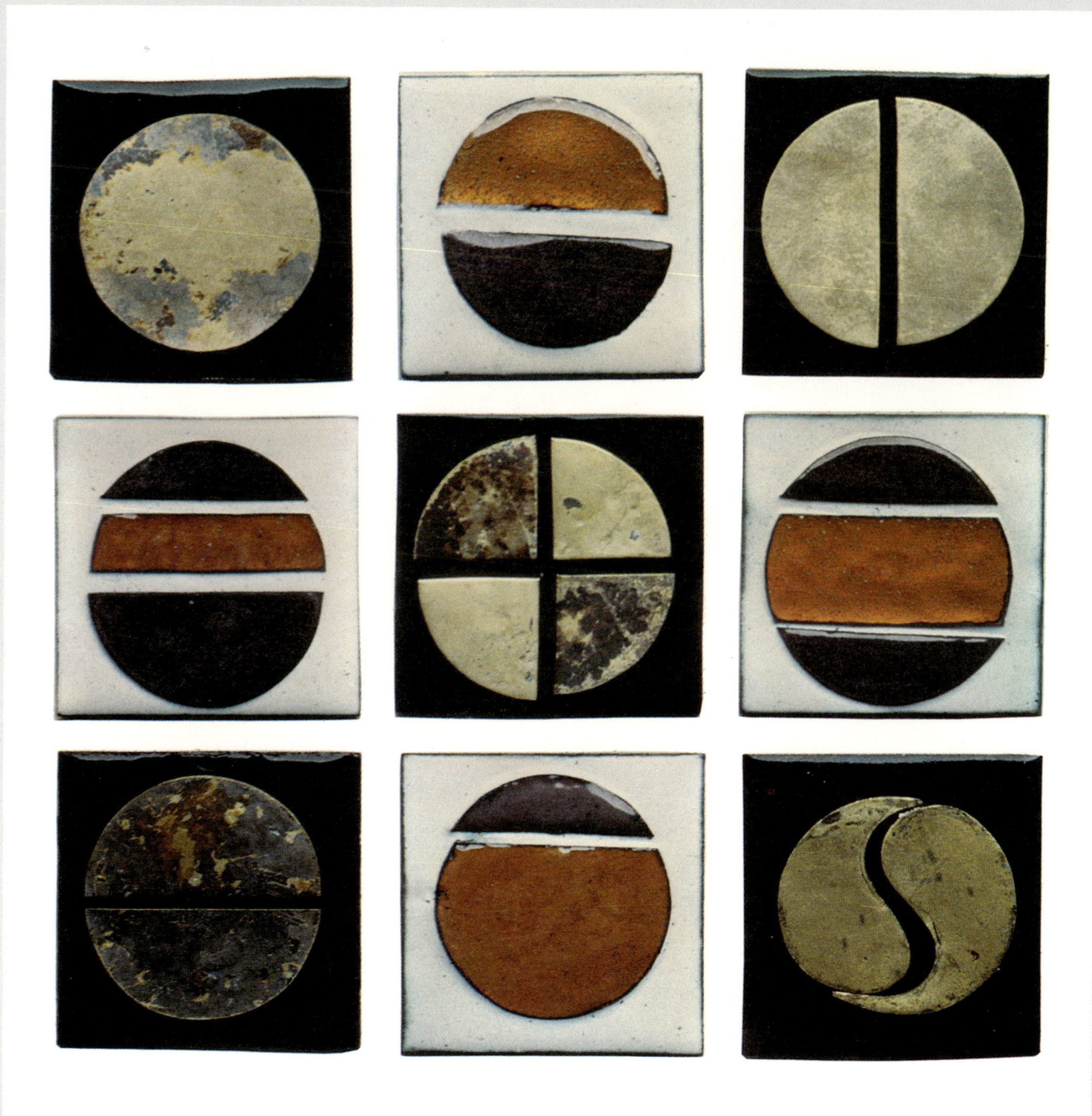

284

285

Abb. 285: Farbkompositionen mit Email. Bei dieser Arbeit wurden verschiedene Emailfarben nacheinander aufgetragen und gemeinsam gebrannt. Beim Durchbrennen reagieren die Farben miteinander und erzeugen reizvolle Strukturen. Der Charakter der Arbeit wird durch die fleckhafte Gestaltung der Farben und durch die Hell-Dunkel-Stufungen des Blau bestimmt.
Abb. 286, 287: Beispiele für die Technik des Grubenschmelzes. Der Reiz liegt im Wechsel von emaillierten Flächen und freiem Metallgrund. Die Formen sind in die Metallplatte eingeätzt („Gruben") und mit Email ausgefüllt. Bei der oberen Arbeit wurden undurchsichtige, opake Farben, bei der unteren durchsichtige, transparente Töne verwendet. Der Grubenschmelz ermöglicht klar abgegrenzte Formen, deren leicht gefranste Kontur durch das Ätzen entsteht.

286

287

288

Abb. 288: Email-Komposition, bei der verschiedene Techniken kombiniert wurden. Die reliefhafte Wirkung entsteht durch das Aufschmelzen von mehreren Blechteilen auf die Email-Grundschicht.

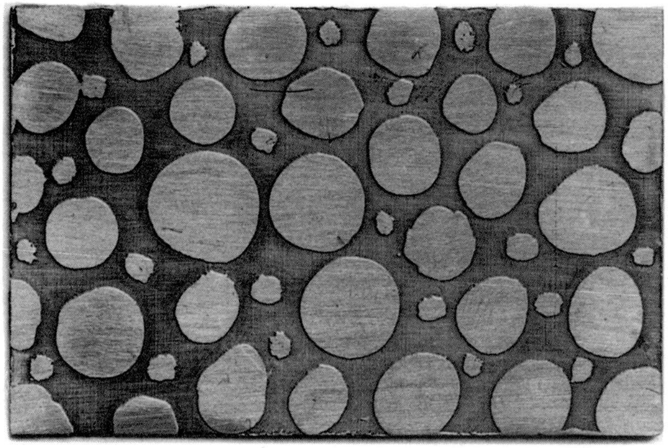
289

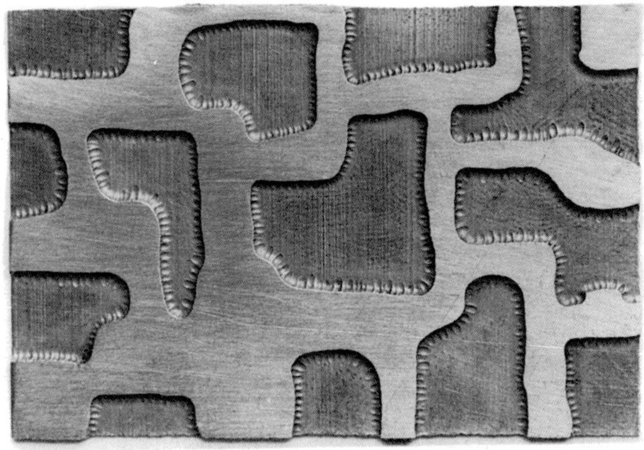
290

Ätzen

Das Ätzen von Metallen ist ein altes Verfahren. Schon früh wurde es angewendet, um Metallformen reliefhaft zu gliedern. In der aufkommenden Drucktechnik gewann es an Bedeutung für die Herstellung von Druckplatten. Am bekanntesten ist der Kupferstich.
Der Ätzvorgang ist im Prinzip einfach. Eine Metallplatte, meist Kupfer, wird partiell mit einem säurefesten Lack abgedeckt und in ein Säurebad gelegt. Die Säure greift nur die frei liegenden Metallflächen an und löst dort das Metall auf, so daß sich reliefhafte Vertiefungen bilden.
Man unterscheidet zwischen Hochätzung und Tiefätzung. Bei der Hochätzung bleibt das Motiv erhaben stehen, während der Hintergrund vertieft wird. Bei der Tiefätzung ist es umgekehrt. Flächen, die erhaben stehen bleiben sollen, werden also mit Lack abgedeckt: bei der Hochätzung das Motiv (Abb. 281), bei der Tiefätzung der Hintergrund (Abb. 290).
Abb. 291: Ornamental geätzte Kupferbänder. Für derart feingliedrige – und arbeitsaufwendige – Ätzungen lohnt es sich, mehrere Entwürfe in vergrößertem Maßstab, am besten als Collage mit zwei farbigen Papieren anzufertigen. Die Vorbereitung des Werkstücks: Wir wenden zum Abdecken mit Lack ein Verfahren an, das klare Umrisse der Formen und exakte Ecken gewährleistet. Der Metallstreifen wird mit einem Klebepapier

291

abgeklebt, die Musterung aufgezeichnet. Mit einem Schneidemesser schneidet man diejenigen Flächen, die später erhaben stehen bleiben sollen, aus dem Papier heraus, so daß an diesen Stellen das Metall frei liegt. Der ganze Metallstreifen wird mit Asphaltlack überstrichen, das Klebepapier abgezogen. Erforderliche Korrekturen werden mit einem feinen Haarpinsel (Retuschierpinsel) vorgenommen. Es kann geätzt werden. Die Tiefenwirkung der Reliefs läßt sich noch steigern, wenn man die Werkstücke mit Schwefelleber dunkel einfärbt und die erhabenen Flächen mit Stahlwolle blankreibt.

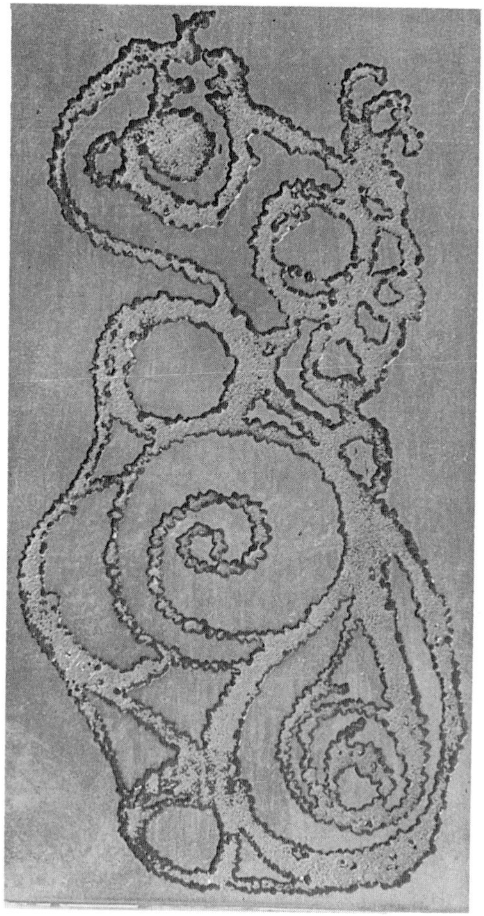

292

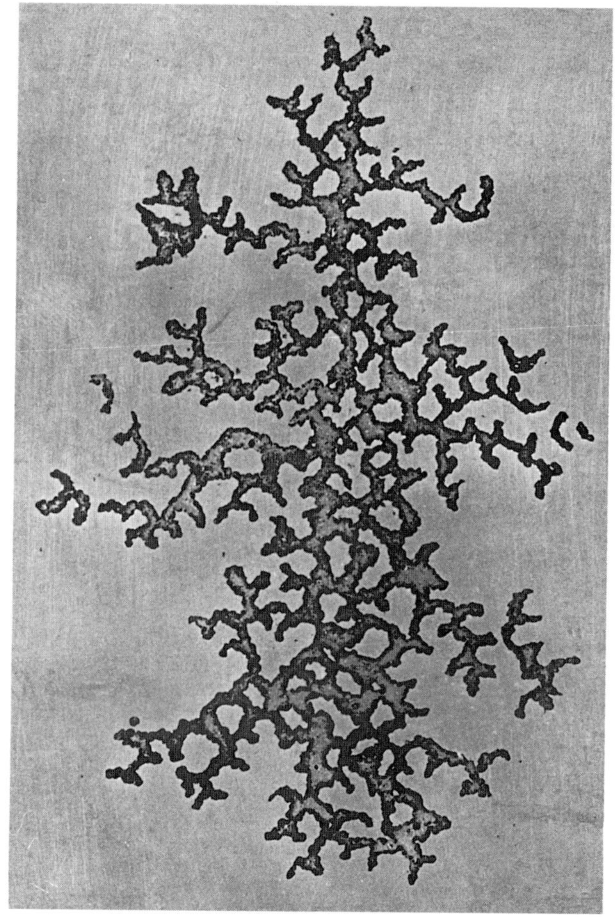

293

Abb. 292, 293: Strichätzungen in Zinkblech, lineare Kompositionen mit organischem Charakter.
Bei dem hier angewandten Verfahren der Strichätzung wird die Metallplatte vollständig mit Lack abgedeckt und das Motiv linear mit einem spitzen Werkzeug aus dem Lack herausgekratzt. Nach dem Ätzen ergibt sich eine vertiefte Linie.
Die bei diesen Arbeiten leicht gefransten Konturen sind durch die Spur des verwendeten Werkzeugs und die Art des Herauskratzens bedingt.

294

Abb. 294: Anhänger und Broschen aus Messing- und Kupferblech. Für die ornamentale Gliederung wurden die Hoch- und die Tiefätzung, zum Teil mit der Strichätzung kombiniert, angewandt. Das Auftragen der Musterung mit Abdecklack erfolgte in verschiedenen Verfahren: Aufmalen der Formen mit einem feinen Haarpinsel; Herauskratzen der Formen aus der mit Abdecklack voll abgedeckten Fläche; Abdecken der erhabenen Flächen mit Hilfe der Schabloniertechnik (siehe Text zu Abb. 291).

295

Abb. 295: Ätzrelief in Kupfer. Flächengliederung mit den Formelementen Rechteck und Dreieck. Der Reiz der Arbeit liegt in der beziehungsreichen Zuordnung der Formelemente und der subtilen Farbigkeit. Formbestimmend in dieser Komposition ist die großzügige, statisch ruhig wirkende Flächenaufteilung in Rechtecke. Sie findet ihre spannungsvolle Ergänzung in dem mit Dreiecken gegliederten dynamisch bewegten Teil.
Die Platte wurde in mehreren Arbeitsgängen unterschiedlich tief geätzt, die dunkelsten Flächen liegen am tiefsten.

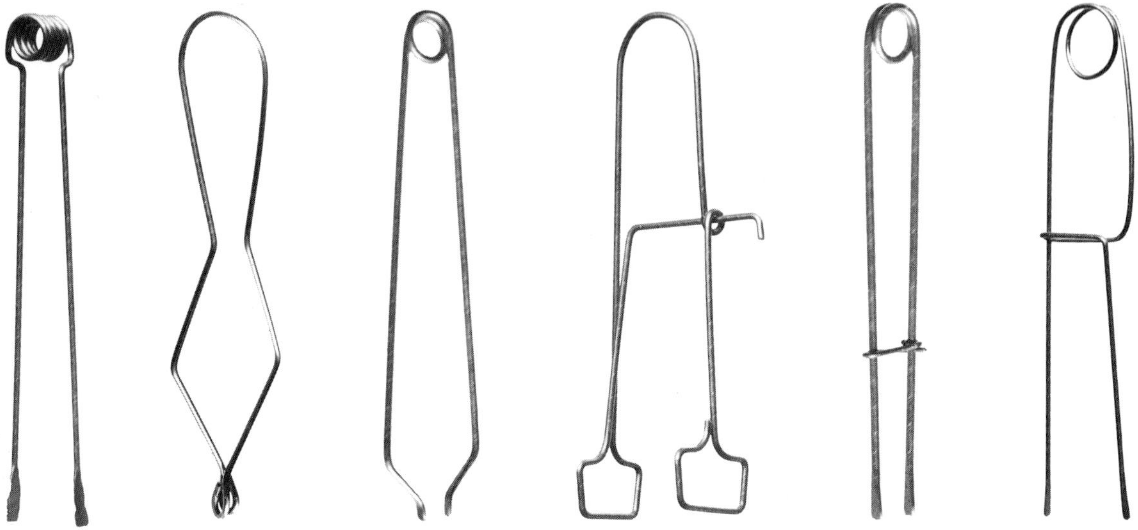

296 297 298 299 300 301

Gerät

Wir befassen uns in diesem Kapitel mit einfachen Geräten: Pinzette, Brieföffner, Flaschenöffner und Eßgerät.
Geräte sind Gebrauchsgegenstände; sie haben Funktionen zu erfüllen. Unsere einfachen Geräte weisen zwei Funktionsteile auf: den Griffteil und den Werkzeugteil; als Griffteil den Stiel zum Anfassen und Handhaben und als Werkzeugteil, der die eigentliche Arbeit verrichtet, die Laffe des Löffels, die Zinken der Gabel, die Klinge des Messers, jeweils ausgeformt für den speziellen Zweck. Wenn wir uns hier an Messer, Gabel und Löffel heranwagen, dürfen wir nur relativ bescheidene Leistungen erwarten. Das Design von gutem Eßgerät ist das schwierige Geschäft des erfahrenen Meisters. Wichtiger als das Werkstück ist uns der Lernprozeß während der Arbeit. Das selbständige Entwerfen und Herstellen entwickelt die Urteilsfähigkeit in bezug auf Formqualität von Gebrauchsgegenständen und vermittelt Einsichten in den Zusammenhang von Funktion, Form und Material.
Abb. 296 – 301: Pinzetten. Aus Draht entwickelte „Werkzeuge zum Greifen“.

302 303 304 305 306 307 308

Abb. 302 – 308, 310 – 312: Gabeln, Löffel, Messer, Brieföffner z. T. mit Griffschalen aus Holz und Kunststoff. Einfachere Geräte wie Brieföffner, Streichmesser, Spachtel können unmittelbar aus dem vorgegebenen Material herausgearbeitet werden, indem man sich langsam an die endgültige Form herantastet. Für axialsymmetrische Formen – Löffel, Gabel – sind Entwürfe mit Hilfe des Papierfaltschnitts angebracht. Als Werkzeuge werden Metallsäge und -feile verwendet, die Laffe des Löffels wird mit dem Treibhammer aufgetieft. Die geschliffenen und polierten Geräte sind mit Zaponlack behandelt. Material: Stabmaterialien aus Aluminium, Messing und Stahl, starkes Aluminiumblech.
Abb. 309: Flaschenöffner. Der Schwerpunkt liegt hier in der funktionsgerechten Ausarbeitung des Werkzeugteils. Die Innenformen sind ausgebohrt und ausgefeilt. Stahlblech, 2–3 mm stark. Griffschalen mit Aluminiumnieten aufgenietet.

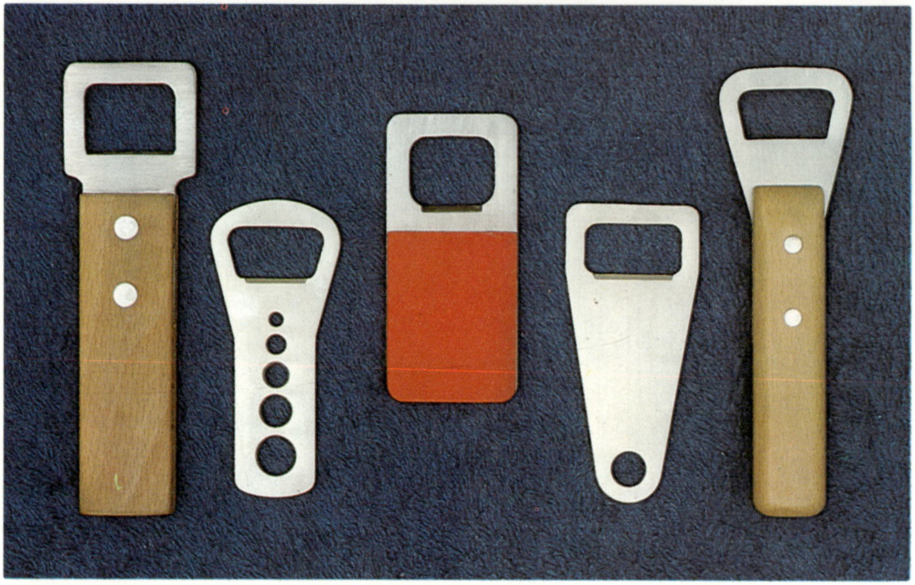

309

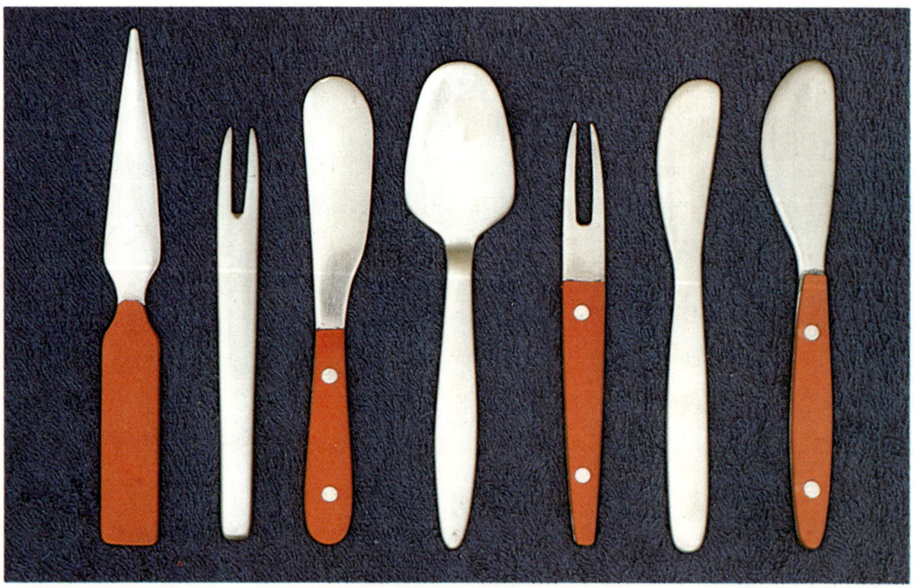

310

311

312

313

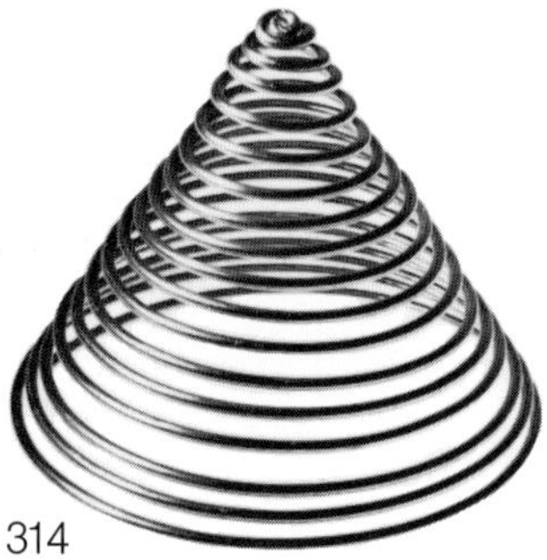

314

315

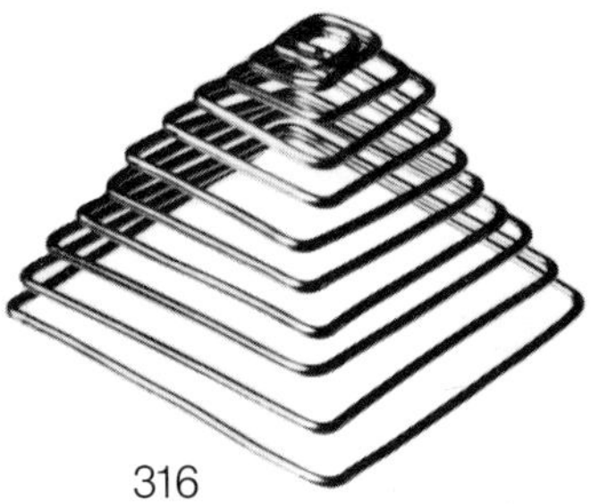

316

317

318

319

320

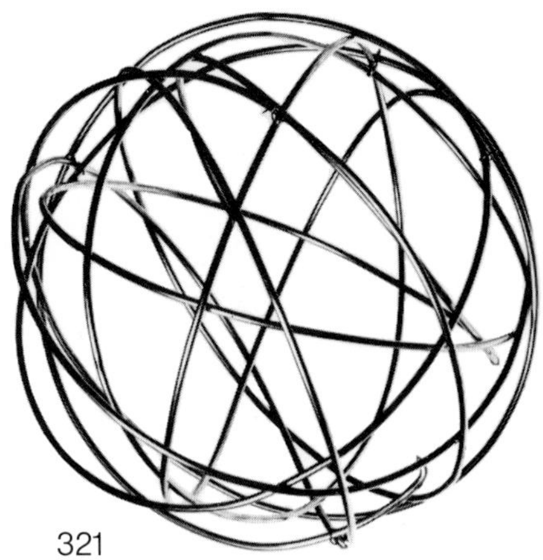

321

322

323

Konstruktiv-räumliches Gestalten

Im Bereich des konstruktiv-räumlichen Gestaltens besitzt der Draht vielseitige Verwendungsmöglichkeiten. Seine Festigkeit erlaubt es, ihn in den Raum zu führen und mit ihm Räume zu umgrenzen. Bei den ersten Übungen beschränken wir uns auf die Gestaltung von einfachen Grundformen und deren Abwandlungen. Die Beispiele auf diesen beiden Seiten stellen eine methodische Reihe dar, die zur Weiterentwicklung anregen soll. Material: Aluminiumdraht, 1,5 mm und 2 mm stark.
Abb. 313, 319: Die in den Raum sich windende Spirale umgrenzt einen zylinderförmigen Raum. Er kann oben und unten durch eine flächige Spirale abgeschlossen werden.
Abb. 314, 316, 318: Der Kegel, die vierseitige Pyramide und der Pyramidenstumpf als Grundformen.
Abb. 315, 320: Der Quader ist eine Elementarform des Bauens. Seine vertikale Richtung drückt Statik aus. Raumformen, die aus Draht gebildet werden, haben eine transparente Wirkung, da sowohl ihr Innenraum als auch ihre Rückseiten sichtbar sind.
Abb. 317, 321 – 323: Die Kugel als Grundform des Plastischen und ihre Abwandlungen.

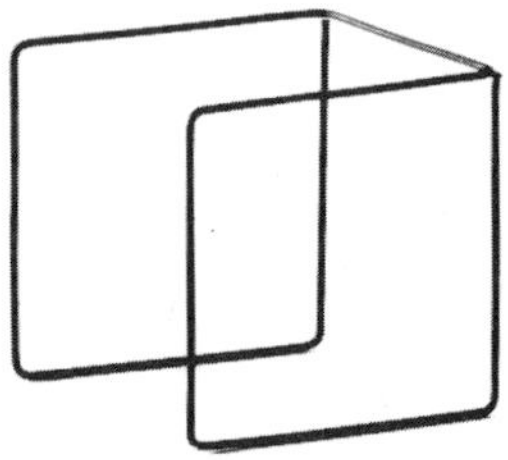

324

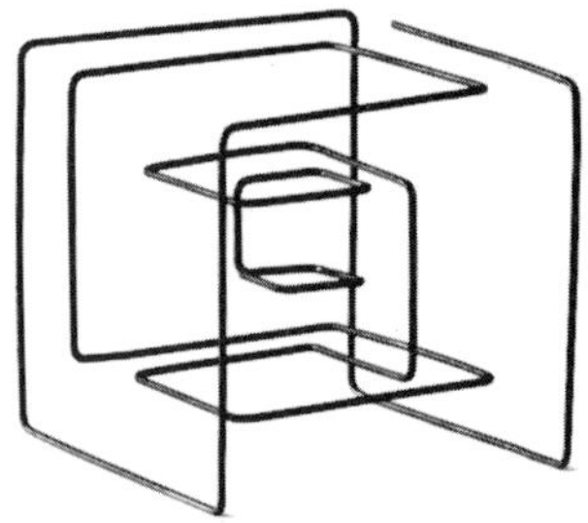

325

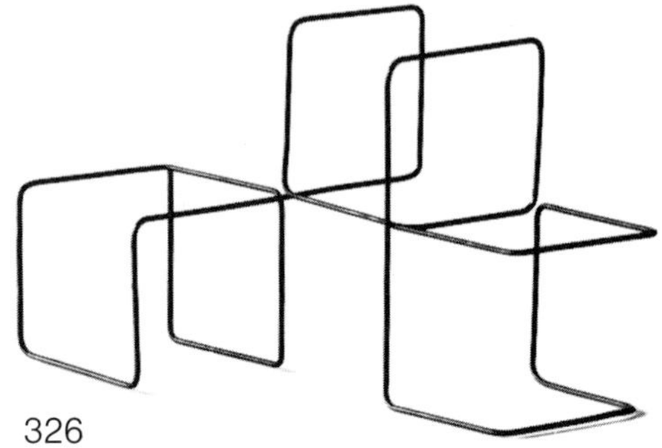

326

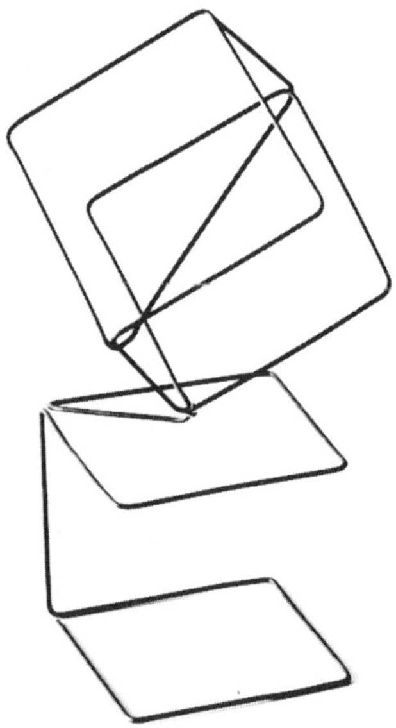

327

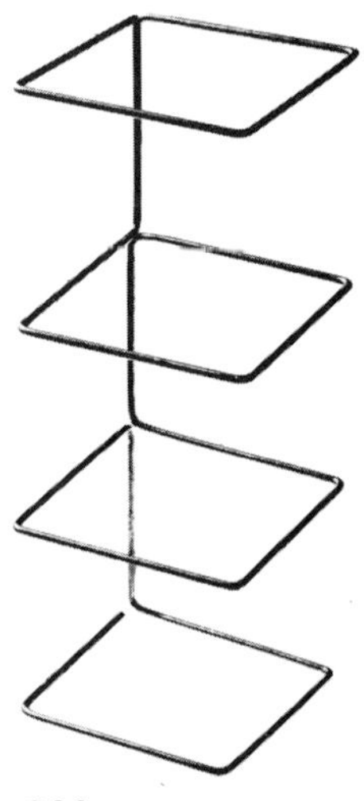

328

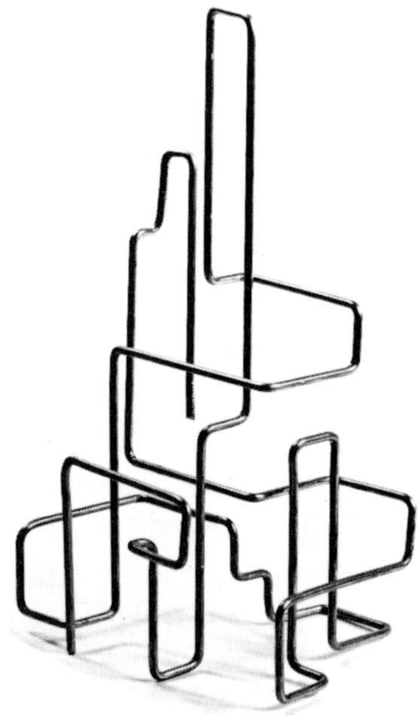

329

Abb. 324, 325: Aus der ersten Aufgabe, einen Würfelraum mit Draht zu umgrenzen, entwickelt sich die zweite Aufgabe, den Binnenraum weiter zu gliedern (Abb. 325).

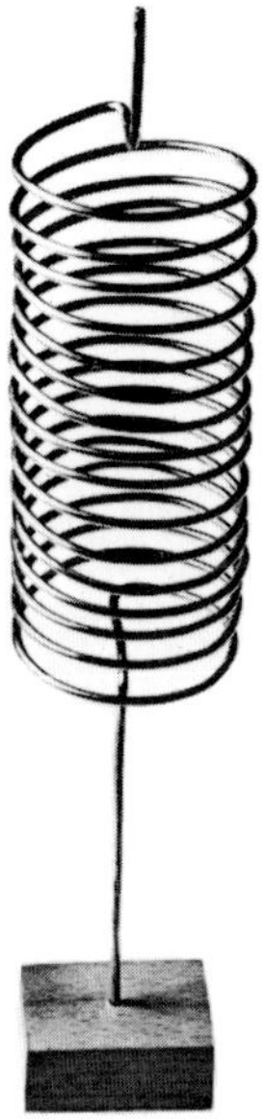
330

331

332

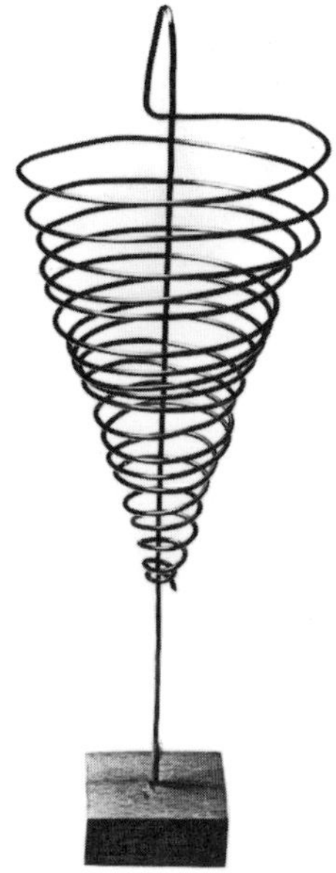
333

Abb. 326: Ein Stück Draht wird so gebogen, daß er mehrere Würfelformen bildet.
Abb. 327: Kontrast von zwei Würfelformen: Auf dem stehenden unteren Würfel balanciert ein zweiter, verkanteter Würfel auf einer Ecke.
Abb. 328: Eine räumliche Ordnung, die aus übereinandergelagerten Flächen gebildet wird.
Abb. 329: Die Aufgabenstellung bestand darin, einen Draht so in den Raum zu führen, daß eine ausgewogene Gesamtform entstand. Weitere Spielregeln: gerade Drahtführung und Richtungswechsel im rechten Winkel. Material: weicher Aluminiumdraht.
Abb. 330 – 333: Eine plastische Form wird leichter, wenn sie vom Boden abgehoben wird und gleichsam im Raum schwebt. Im Unterschied zu den Arbeiten auf den Abb. 324 – 329 wurde hier zur Aufgabe gemacht, den Schwerpunkt nach oben zu verlagern. Grundform bei dieser Übungsreihe ist die Spirale. Bei Abb. 331 schließt sie sich kegelförmig nach oben, bei Abb. 333 nach unten. Bei Abb. 332 ist die strenge Spindelform durch Zusammendrücken des oberen Teils bereits leicht abgewandelt.

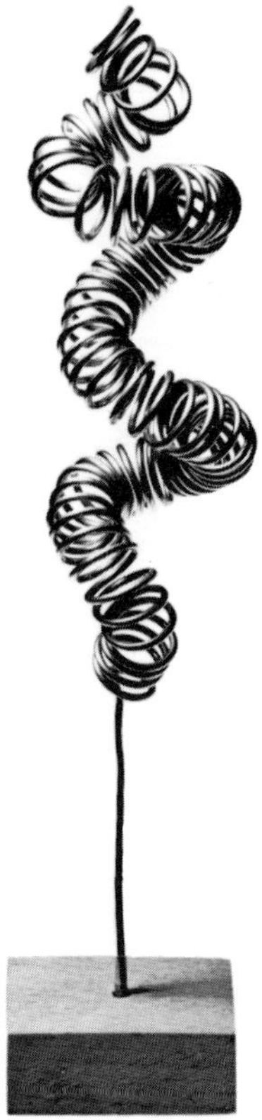
334

335

336

337

Im Gegensatz zu den Beispielen auf Seite 106 und 107, die vornehmlich statischen Charakter haben, tritt hier eine ausgesprochen dynamische Wirkung in den Vordergrund. Das Grundthema dieser Aufgabenreihe ist die sich in den Raum windende Spirale.
Abb. 334, 337: Das Spiralhafte wird in der Gesamtbewegung noch einmal aufgenommen.
Abb. 336: Eine um einen Vierkantstab gewickelte Spiralform erhält durch Verdrehung gegenläufige Akzente.
Abb. 338 – 340: Weitere Variationen zu dem Thema „schwebende Spiral- und Kugelformen aus Draht“.

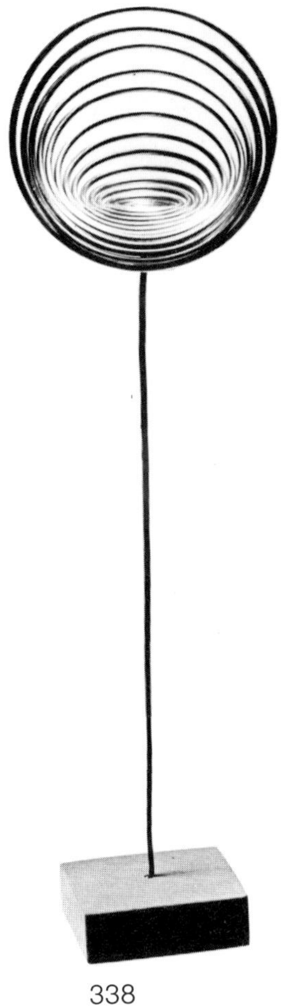

338

339

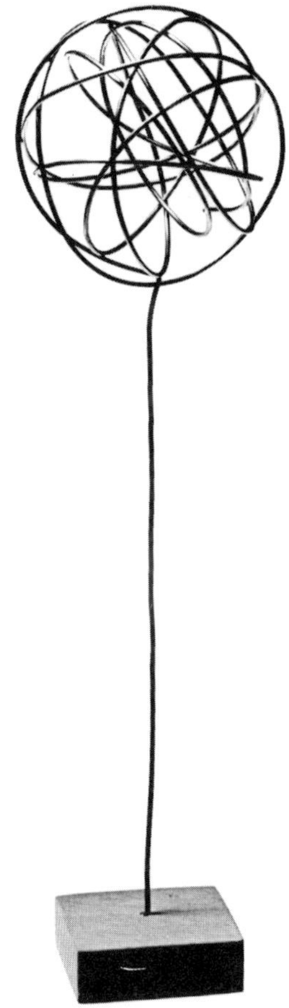

340

341

342

Abb. 341, 342: Kombination aus Draht und Gewebe. Wenn sich die Formen des transparenten Drahtgewebes überschneiden, bilden sich interessante Hell-Dunkel-Stufen. Abb. 343 – 346: Der Würfel. Die Ausgangsform bildet ein aus Draht gebildeter Würfel, dessen Leerraum auf verschiedene Weise zu gestalten war: durch Bildung von Brennpunkten und Verbindung mit den Würfelkanten (Abb. 343 und Abb. 344), durch kubische Gliederung (Abb. 345) und durch diagonale Flächenbahnen (Abb. 346).

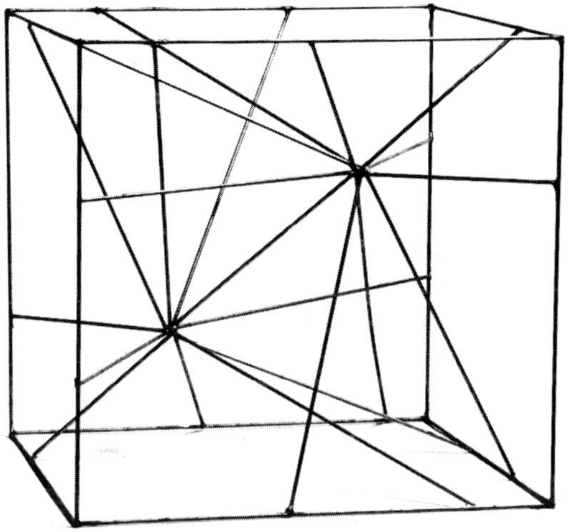
343 J 14

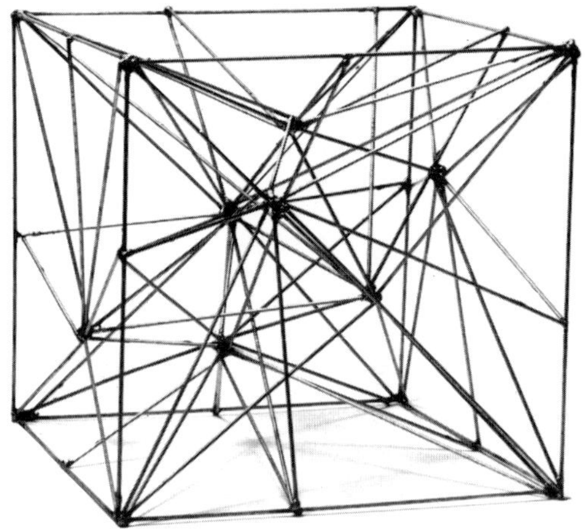
344 J 14

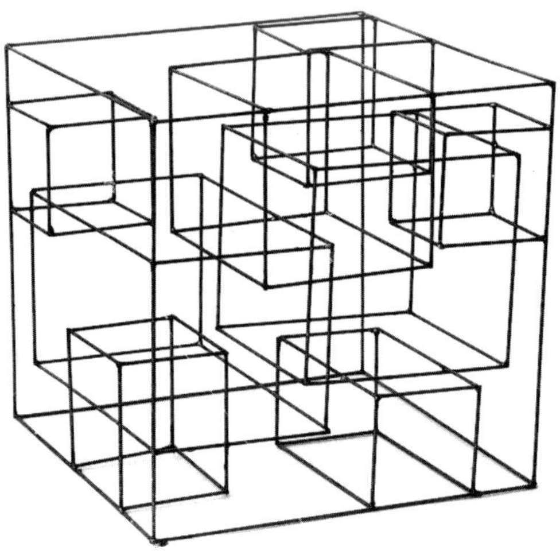
345

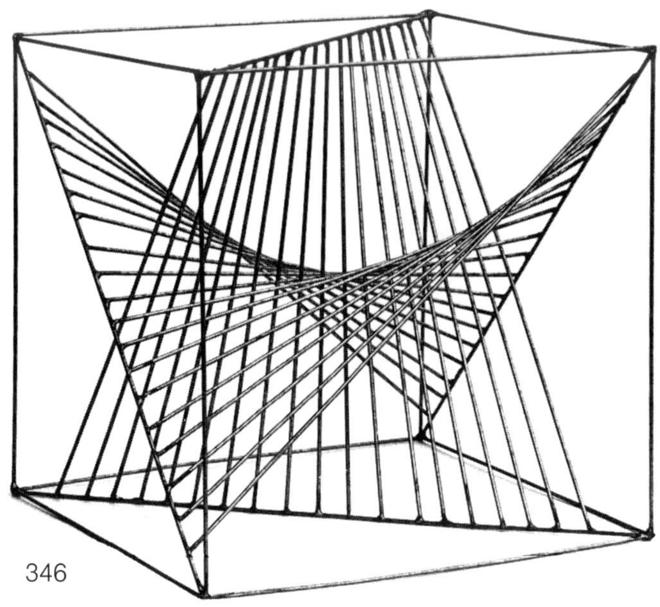
346

347

348

Abb. 347: Der Würfel schließt cin Gebilde ein, das sich durch die Dichte seiner Vergitterung stark behauptet und in seiner formalen Selbständigkeit eine wirkungsvolle Spannung erzeugt. Die Lötstellen wurden knotenhaft verdickt, um die bildnerische Absicht zu verdeutlichen. Material: verzinkter Stahldraht (Eisendraht) in Stangenform, 1,5 mm stark.
Abb. 348: Im Unterschied zu der nebenstehenden Arbeit werden hier die Binnenformen mit den Würfelkanten beziehungsvoll verspannt. Der Schwere und Dichte steht hier Leichtigkeit und Transparenz gegenüber. Die Formspiele mit dem Würfel sind für eine Auseinandersetzung mit den Gesetzlichkeiten des räumlichen Gestaltens besonders fruchtbar.
Abb. 349: Eine formal besonders gute Lösung.
Abb. 350: Das Formelement für diese Aufgabe bildet die Winkelschiene aus Weißblech. Sie eignet sich gut für das konstruktiv-räumliche Gestalten. Höhe der Arbeit 60 cm, gelötet.

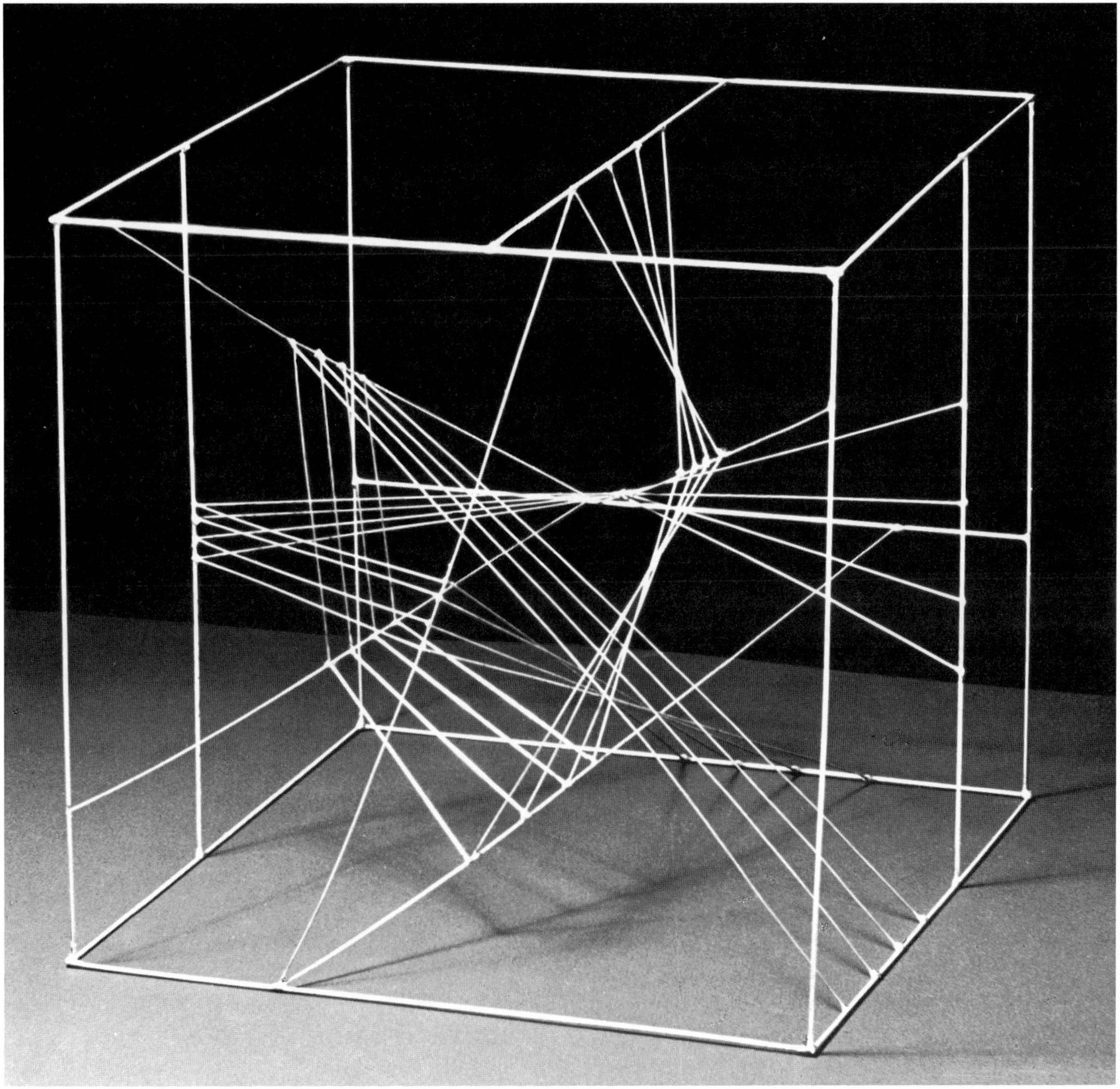

349

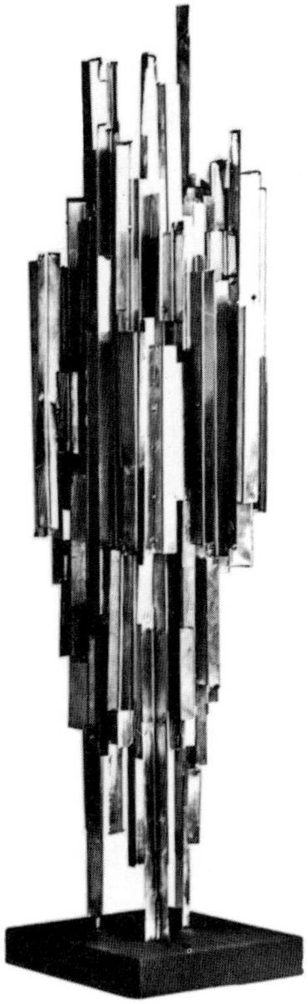

350

351

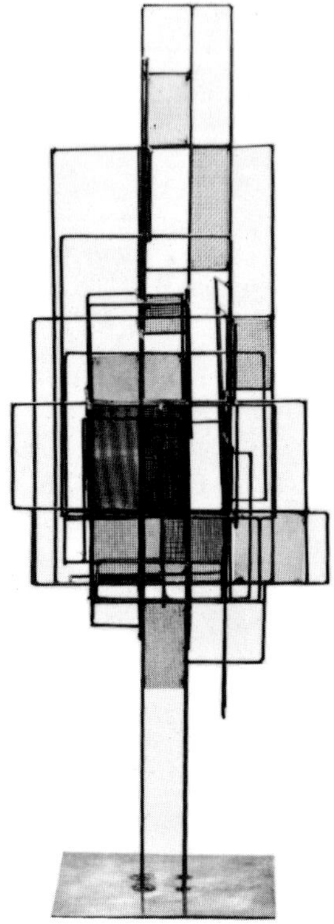

352

Abb 351: Konservendosen aus Weißblech sind ein bildnerisch wertvolles Abfallmaterial. Aus ihren zylindrischen Grundformen wurde hier ein vertikal und horizontal gerichtetes plastisches Gebilde entwickelt. Gelötet.
Abb. 352: Konstruktiv-geometrische Form aus Draht und Drahtgewebe mit Flächenbildungen.
Abb. 353: Kombination von Draht und Blechstücken. Die vertikale Komposition aus Senkrechten und Waagerechten, die sich nach allen Seiten dem Raum öffnet, hat ihren Schwerpunkt in der Mitte.
Abb. 354: Aus Drahtgewebe wurden plastische Formen gebogen, deren Teile verlötet sind. Unser Beispiel zeigt eine interessante Komposition aus geschlossenen und geöffneten Gewebeformen.

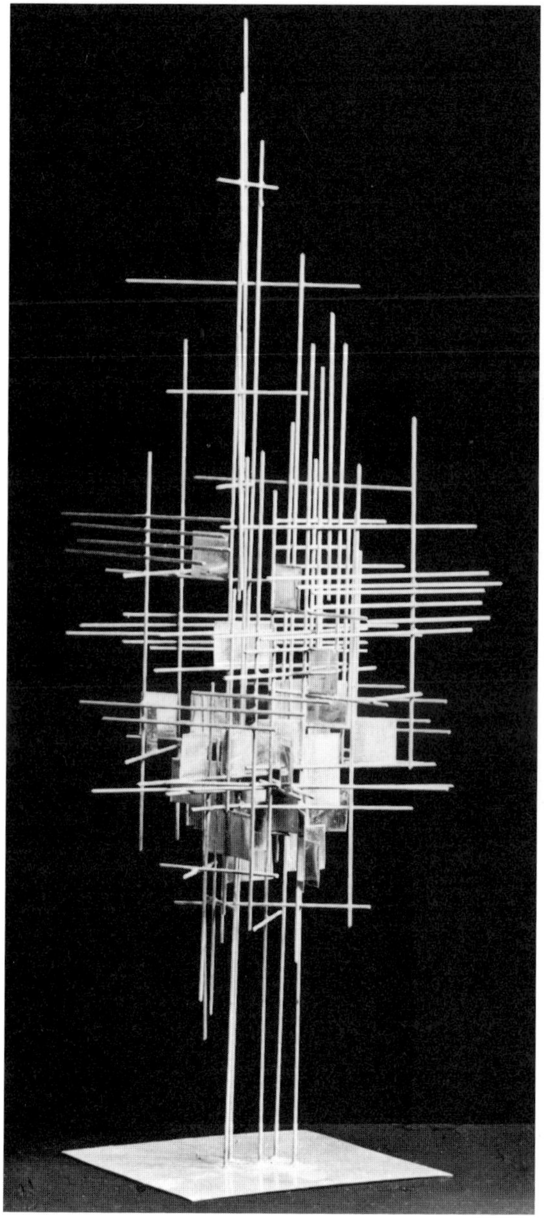

353

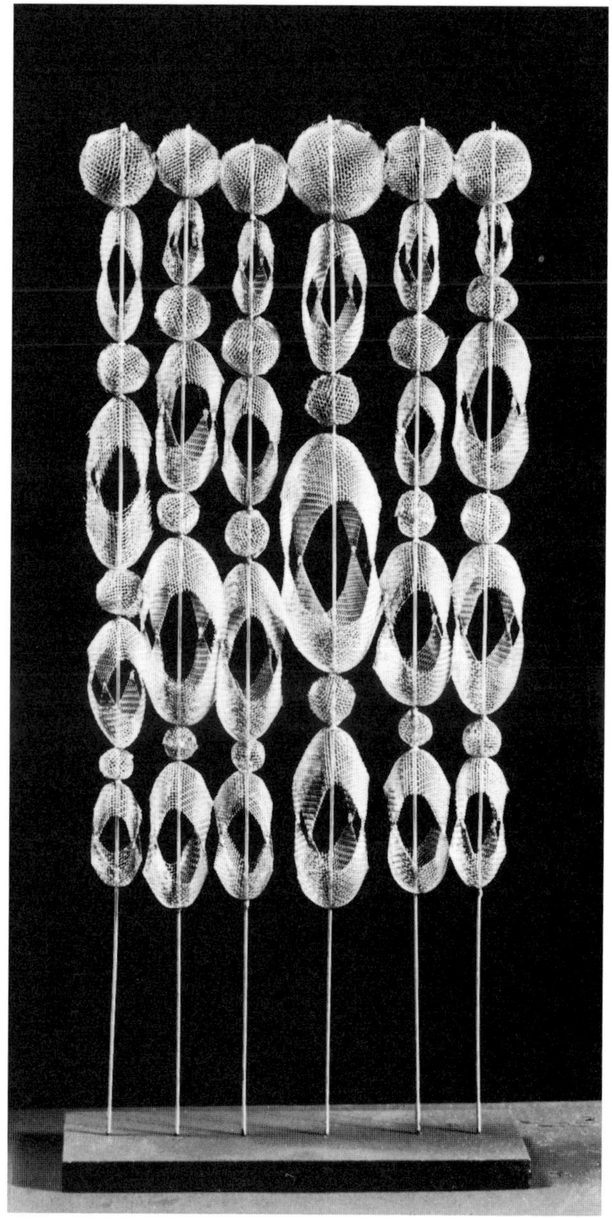

354

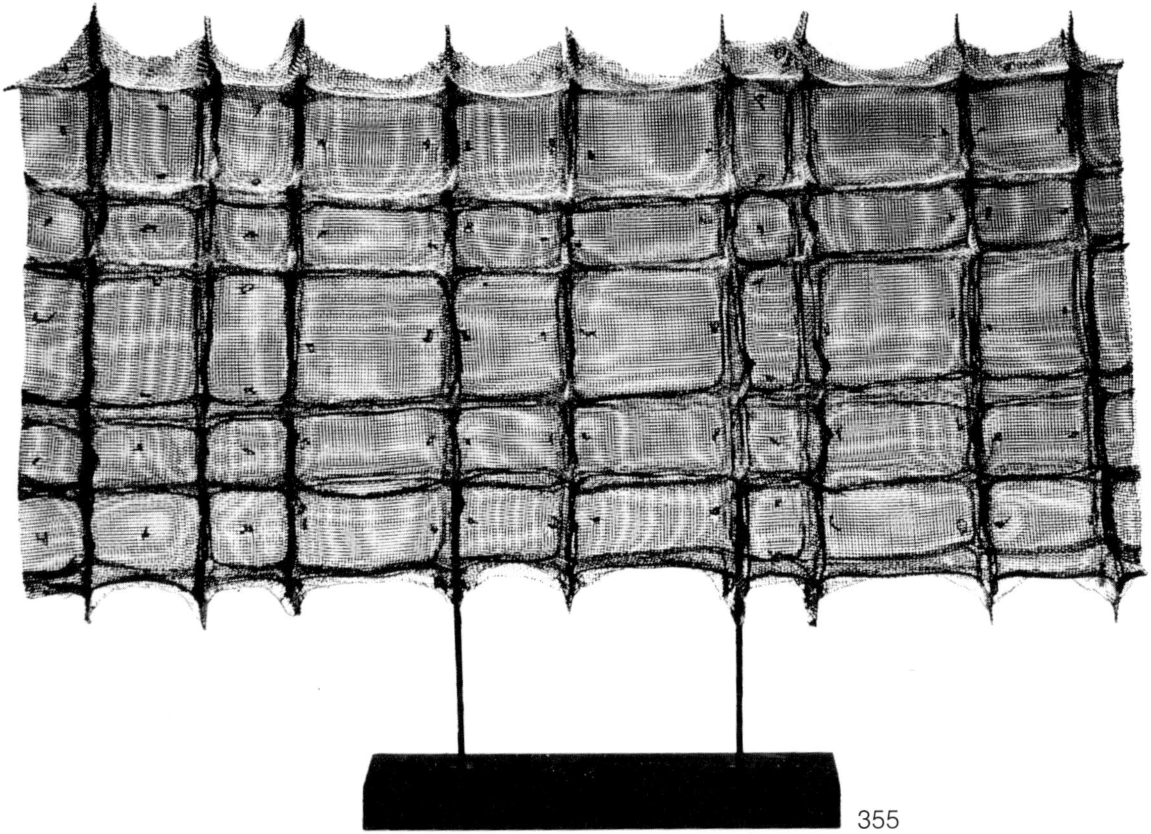

355

Abb. 355: Das Drahtgewebe hat in seinem siebartigen und transparenten Charakter eigene bildnerische Reize, besonders dann, wenn wie hier zwei hintereinandergelegte Gewebeflächen im durchfallenden Licht changieren. Wird Gewebe gefaltet, so verdichtet es sich an dieser Stelle, und es ergeben sich Helligkeitsunterschiede. In unserem Beispiel wurde die lineare Gliederung durch Auffaltung erreicht. Punkthafte Lötstellen bereichern die bildnerische Wirkung.
Abb. 356: Diese Arbeit überrascht in ihrer reichen und differenzierten Anordnung von Drähten besonders durch die sehr sensibel zum Ausdruck gebrachten Richtungsänderungen.

356

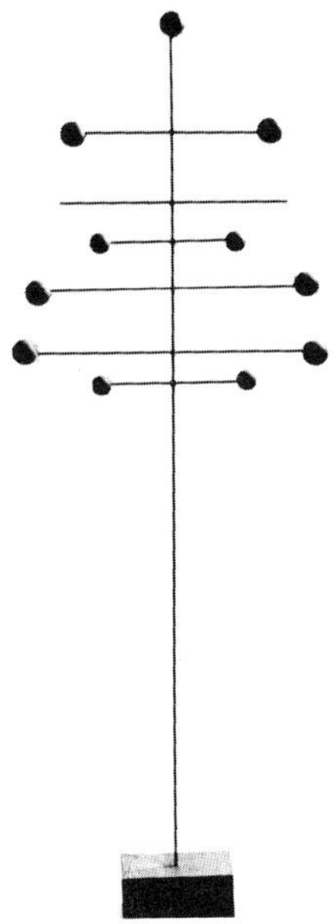
357

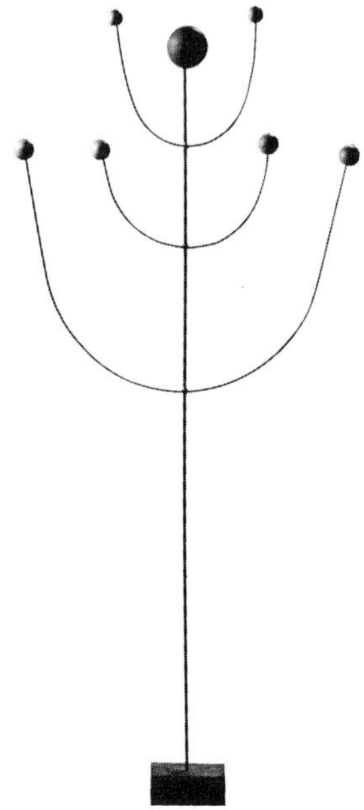
358

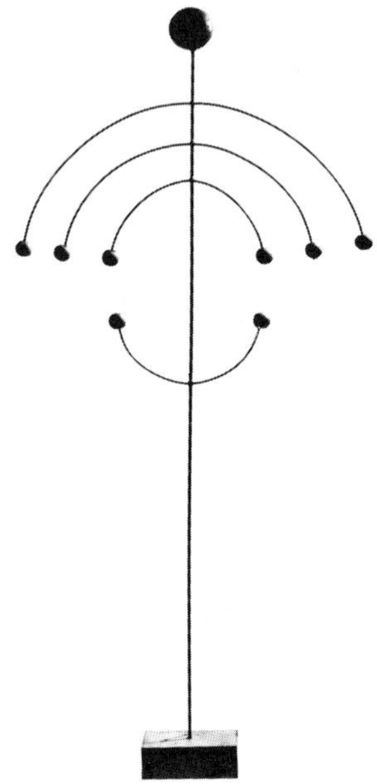
359

Konstruktiv-dynamisches Gestalten

Vibration, Pendel, Getriebe

Die hier aus dem Bereich des konstruktiv-dynamischen Gestaltens gebrachten Beispiele sind weniger unter technologischem und rationalem Aspekt, vielmehr unter dem Gesichtspunkt des freien Spiels mit mechanischen Elementen aufzufassen.
Wie bei der kinetischen Plastik geht es hier um Gestaltfindung mit technischen Elementen im bildnerischen Bereich.
Wir beginnnen mit einfachen Bewegungsspielen. Die Vibration, das Hin- und Herschwingen ist ein Naturvorgang (Zittergras), dem wir in unseren Übungen nachspüren und der uns als Vorbild dient. Wir benutzen als Material gestreckte Drähte, die härter und damit elastischer sind als weiche Drähte.

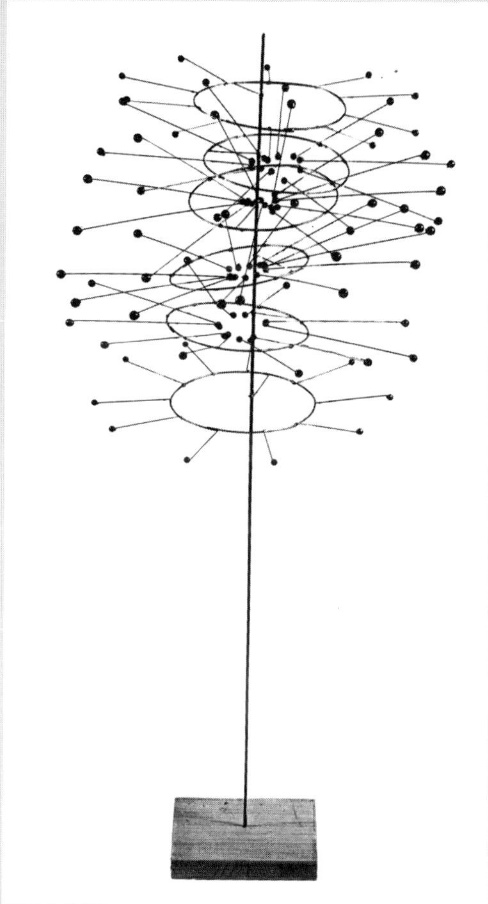

360

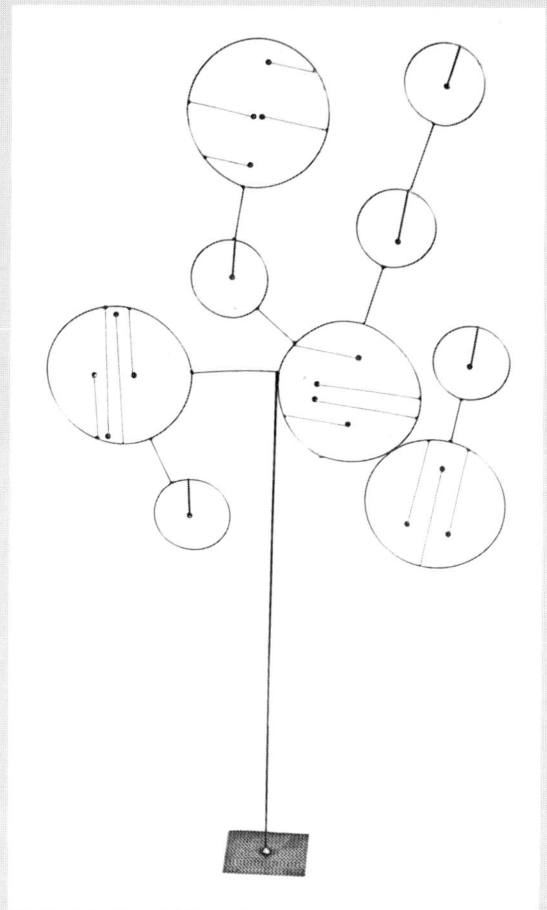

361

Abb. 357 – 359: Verschiedene Formen von Bewegungsspielen. Stößt man das Gebilde an, so wird es aus dem Gleichgewicht gebracht und gerät in Schwingung. Die Vibration wird durch die aufmontierten Holzkugeln verstärkt. Schwingungsdauer und -weite sind abhängig vom Material, von der Länge der Schwingungsarme und den Gewichten.
Abb. 360: Verschieden große Stahlkugeln verstärken durch ihre Schwere die Vibration.
Abb. 361: Bewegungsspiel, das aus Kreisformen aufgebaut ist und bei der geringsten Erschütterung in Schwingung gerät. Höhe 60 cm, gestreckter Messingdraht.

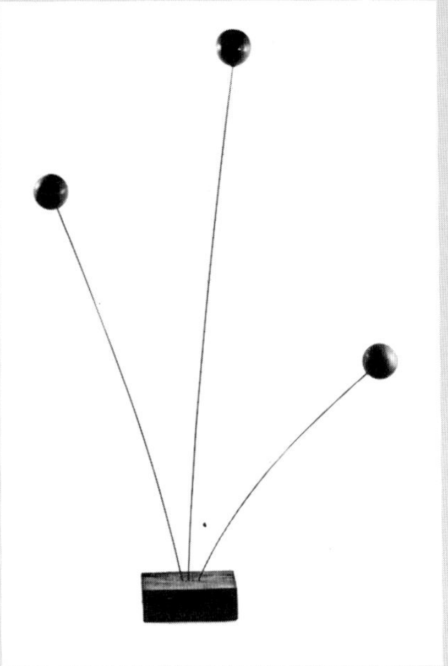

362

363

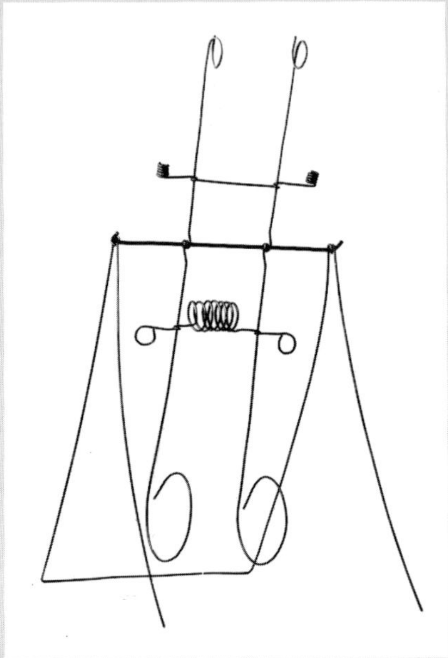

364

Ein weiteres Aufgabenfeld im Bereich des dynamischen Gestaltens bietet das Pendel. Es ist ein Körper, der außerhalb seines Schwerpunktes um eine feste Achse oder einen festen Punkt schwingt. Stößt man ihn an, so bewegt er sich unter dem Einfluß der Schwerkraft hin und her.

Abb. 362: Auf federharte Stahldrähte sind Holzkugeln montiert. Die verschieden langen Arme bewirken eine unterschiedliche Schwingungsweite und -dauer.

Abb. 363, 364: Zwei Lösungen zum Thema „Pendel". Material: verzinkter Stahldraht.

Abb. 365 – 368: Übungsreihe mit einfachen und differenzierten Formen des Pendelspiels. Bei Abb. 365 und Abb. 367 ist jeweils ein Pendel auf einer Achse beweglich gelagert. An den Enden der Pendelarme sind zusätzlich farbige Kugeln und Quaderformen aus Holz angebracht. Bei Abb. 366 drehen sich drei unterschiedlich lange Drahtstangen mit Holzkugeln um die Achse.

Die Arbeit auf Abb. 368 besteht aus mehreren Pendelpaaren, die beim Anstoßen unterschiedliche Bewegungsformen ausführen.

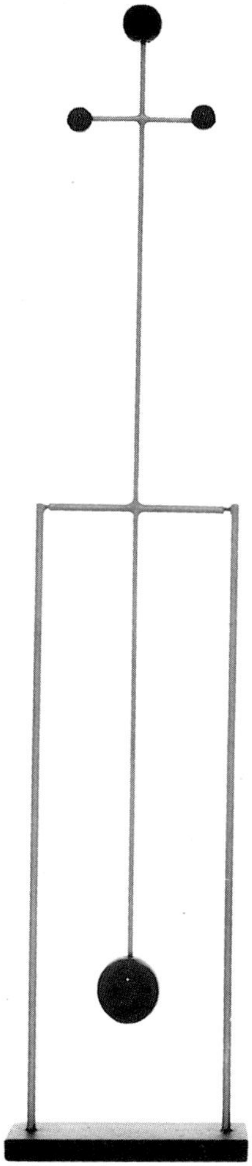
365

366

367

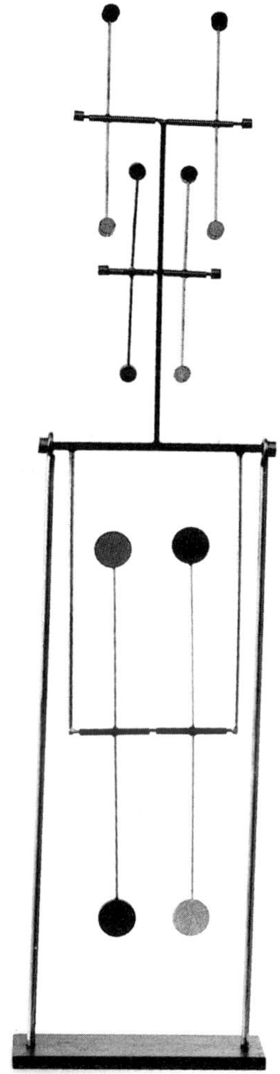
368

Abb. 369 – 371: In einem Gestell aus Draht wurde eine mehrfach gekröpfte Kurbelwelle gelagert, deren Schubstangen sich in verschiedenen Rhythmen bewegen.
Abb. 372: Der grotesk insektenhaft wirkende Bewegungsablauf dieser „Maschine“ und ihre formale Gestaltung vereinen technische Phantasie und gutes Formempfinden.
Abb. 373: Hammerwerk eines fünfzehnjährigen Jungen.

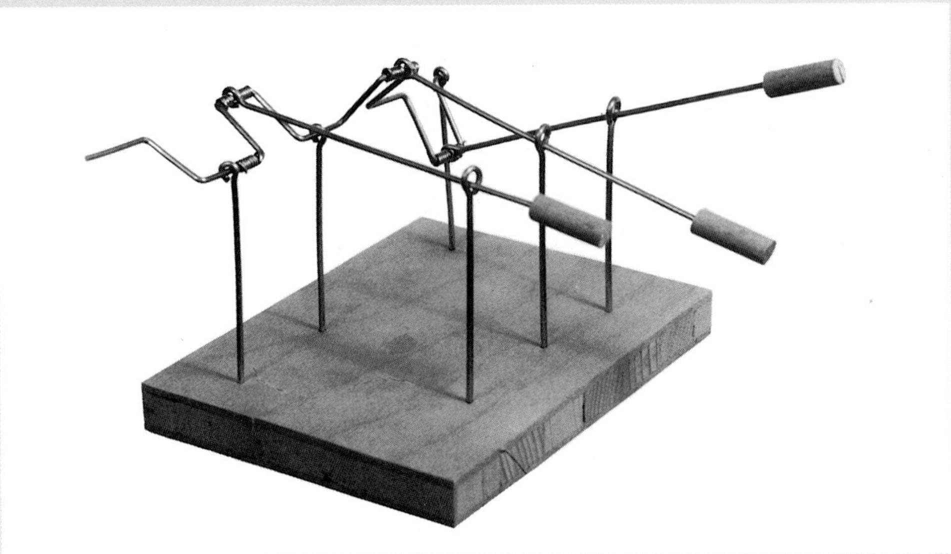

369

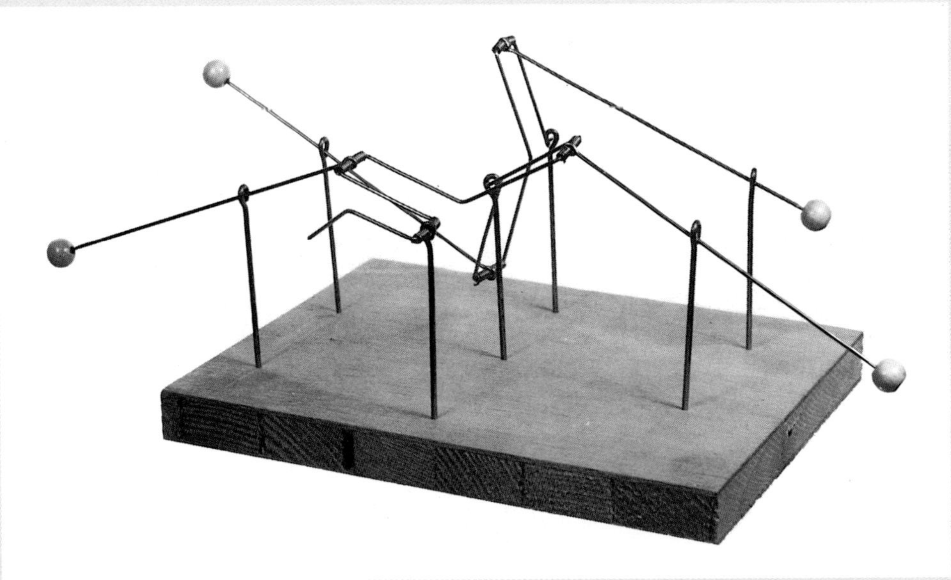

370

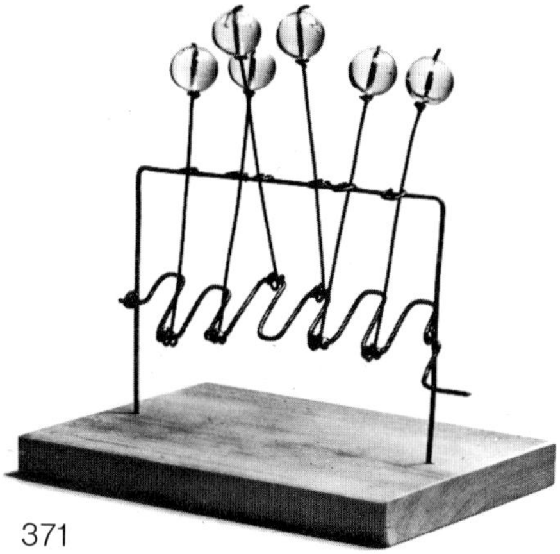

371

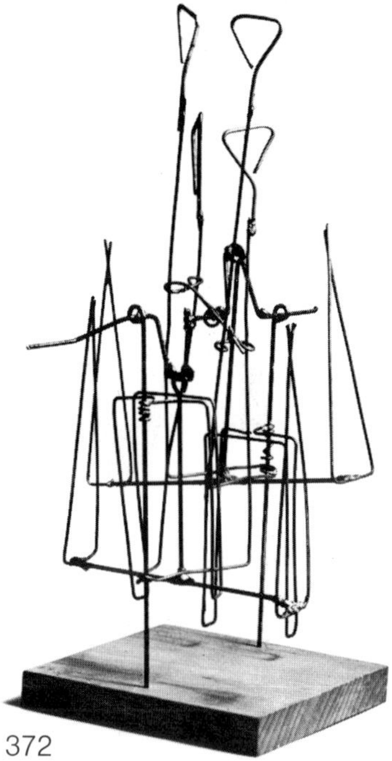

372

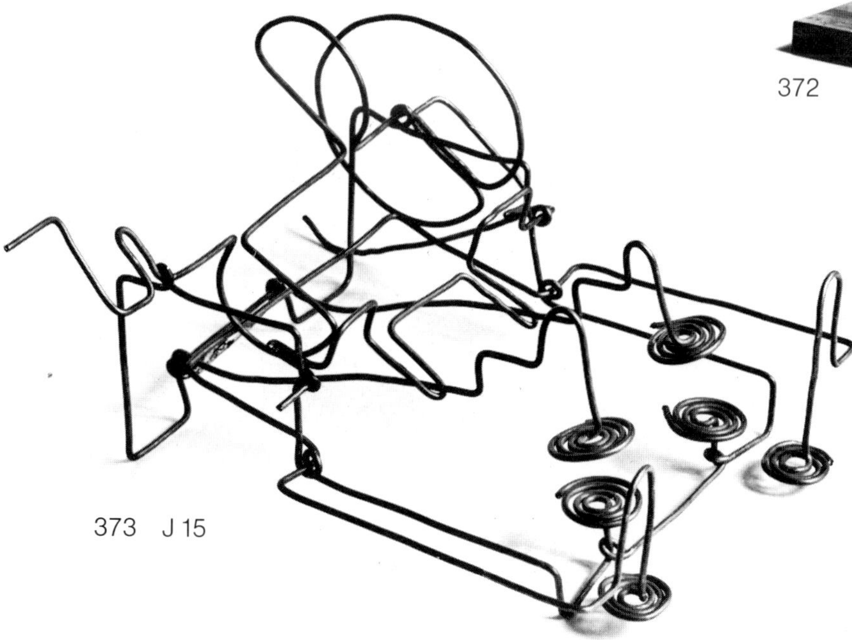

373 J 15

374

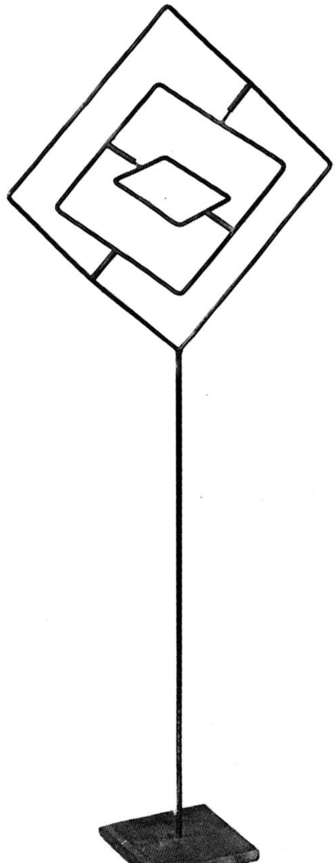

375

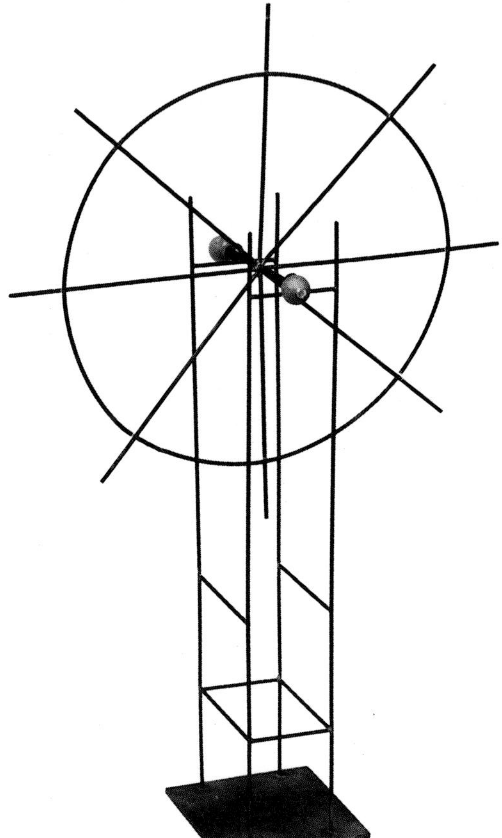

376

Abb. 374, 375: In kreisförmigen und quadratischen Rahmen kardanisch aufgehängte Innenformen. Die Ringe und Quadrate haben feststehende Achsen, die in kurzen Rohrstücken drehbar gelagert sind. Material: Schweißdraht.
Abb. 376: „Schwungrad". Das Rad mit fester Achse ist am Gestell in Drahtösen gelagert. Material: Schweißdrähte 2 und 3 mm stark, hart gelötet.
Abb. 377: „Zahnradmaschine" aus Draht. Übertragung gegenläufiger Drehbewegung mit drei unterschiedlich großen Zahnrädern.
Abb. 378: Rollspiel an der schiefen Ebene.

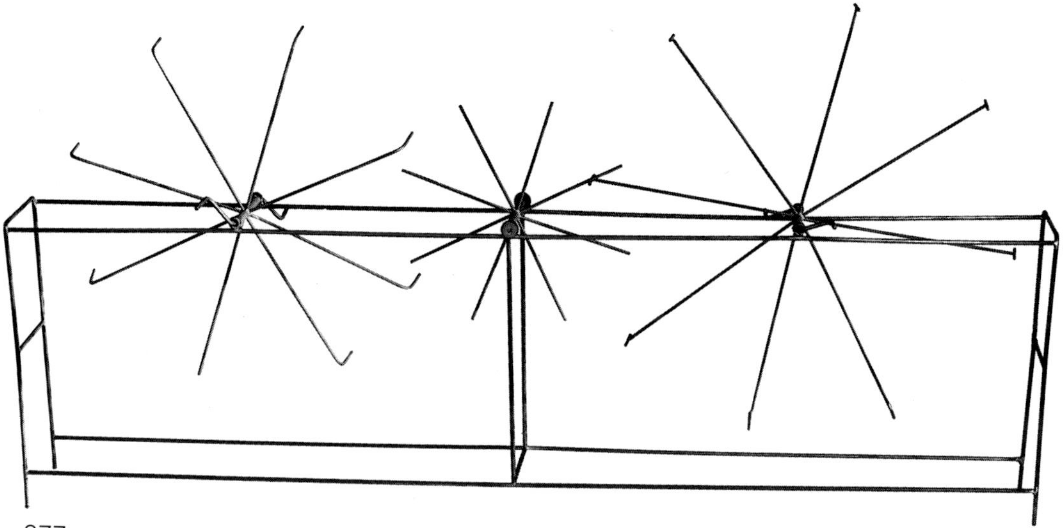

377

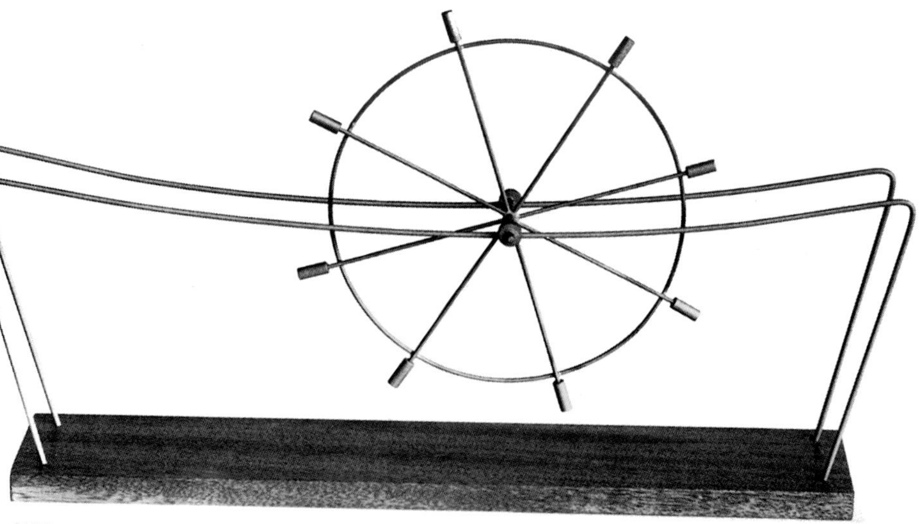

378

379

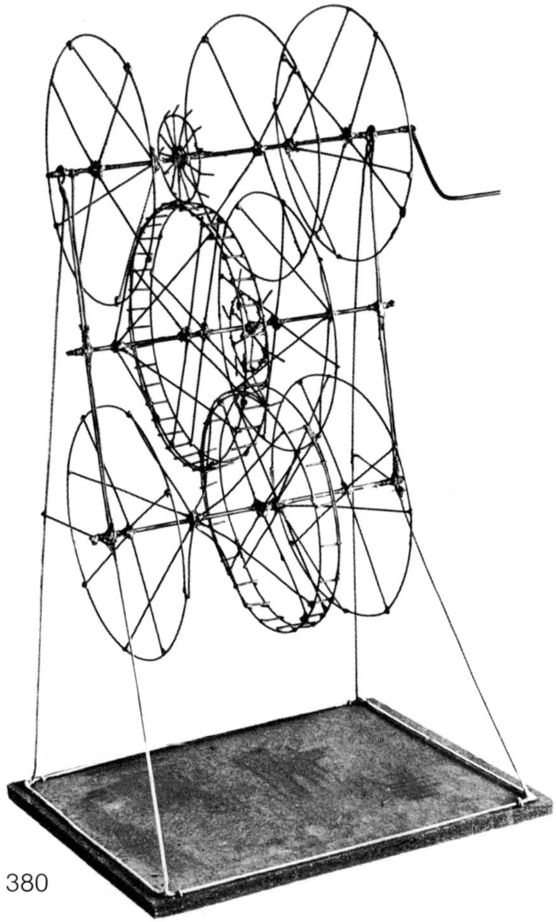

380

Drahtmaschinen. Linear-räumliche Plastiken mit technischen Elementen und Bewegungsfunktionen.
Abb. 379: In einem quaderförmigen Gestell sind in verschiedenen Ebenen Wellen mit Zahnrädern gelagert. Als Lager dienen Messingröhrchen. Die Arbeit überzeugt in ihrer Einheit von Form, Funktion und Konstruktion.
Abb. 380: Bewegung und Gegenbewegung des Zahnradtriebes in drei Ebenen.
Abb. 381: Differenzierte Bewegungsabläufe innerhalb eines kugelförmigen Gebildes.

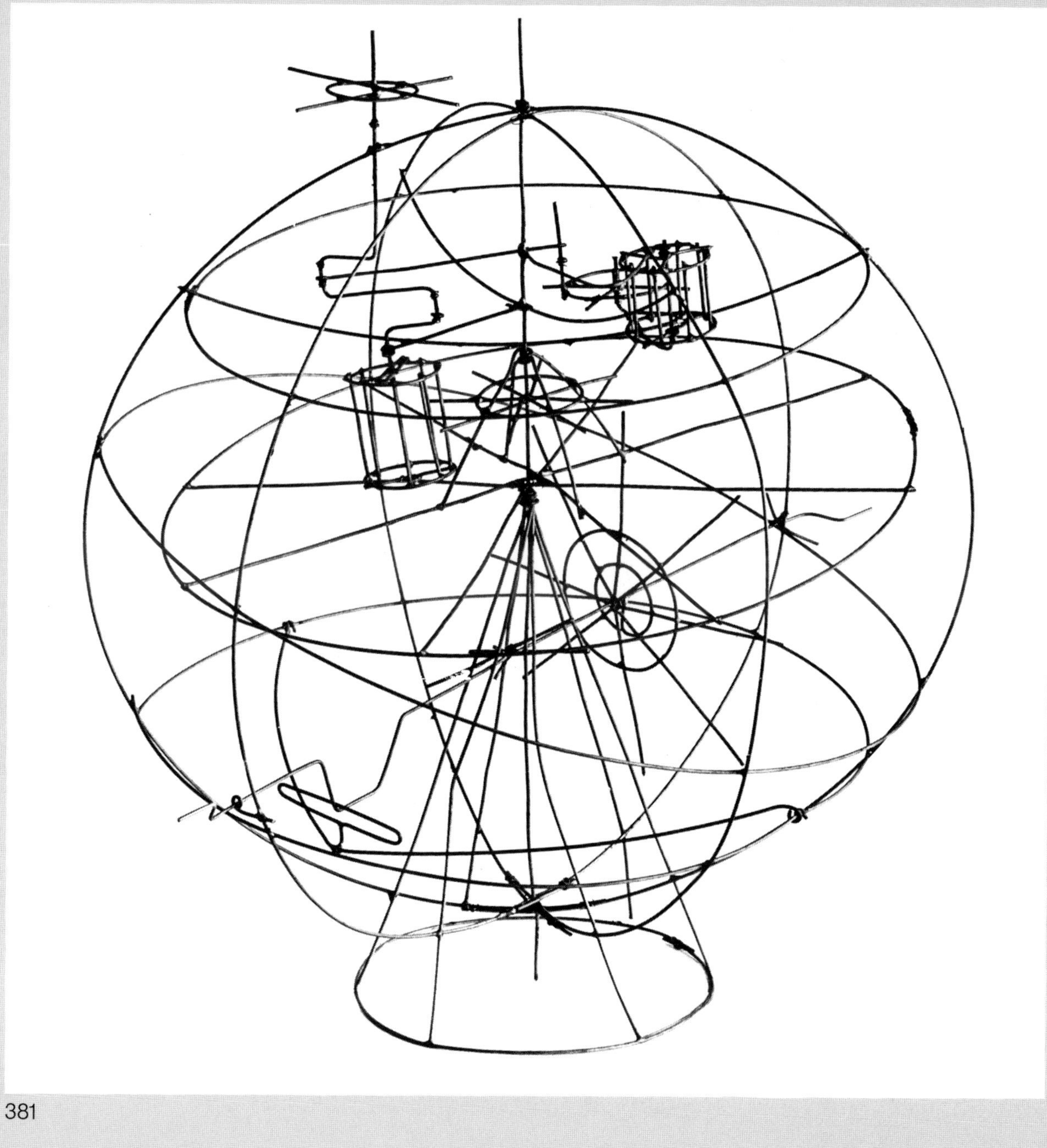

381

382

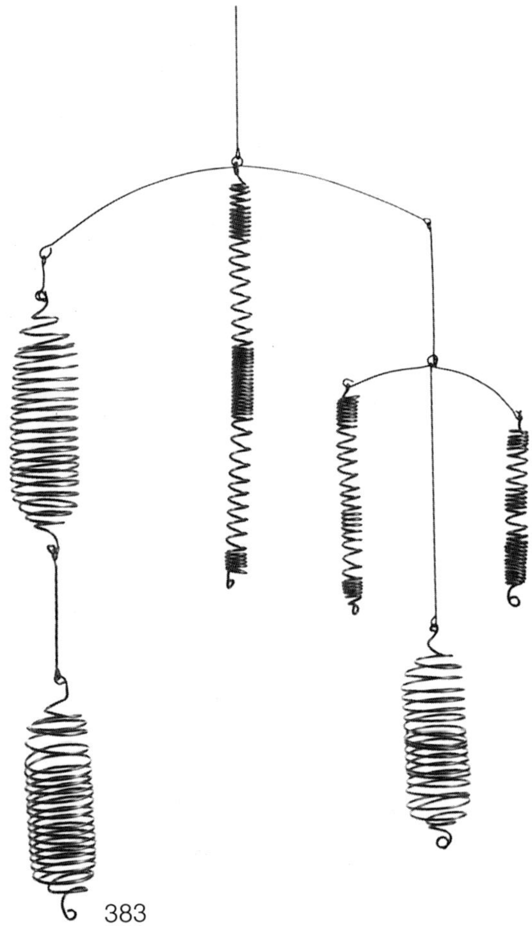

383

Abb. 382 – 384: Drei Beispiele für Mobiles aus Draht und Blech. Alle Teile sind untereinander durch Ösen und Ringe beweglich verbunden. Die in gleicharmige (oder ungleicharmige) Hebel mehrfach untergliederten Gebilde sind durch „Gewichte" sensibel ausbalanciert. Hierbei stehen die linearen Trägerteile in spannungsvoller Beziehung zu den flächenhaften Blechformen und den körperhaften Spiralen. Die Abbildung eines Mobile kann nur einen Teilaspekt wiedergeben, da die Bewegung als wesenhafte Gestaltkomponente nicht erfaßt wird.

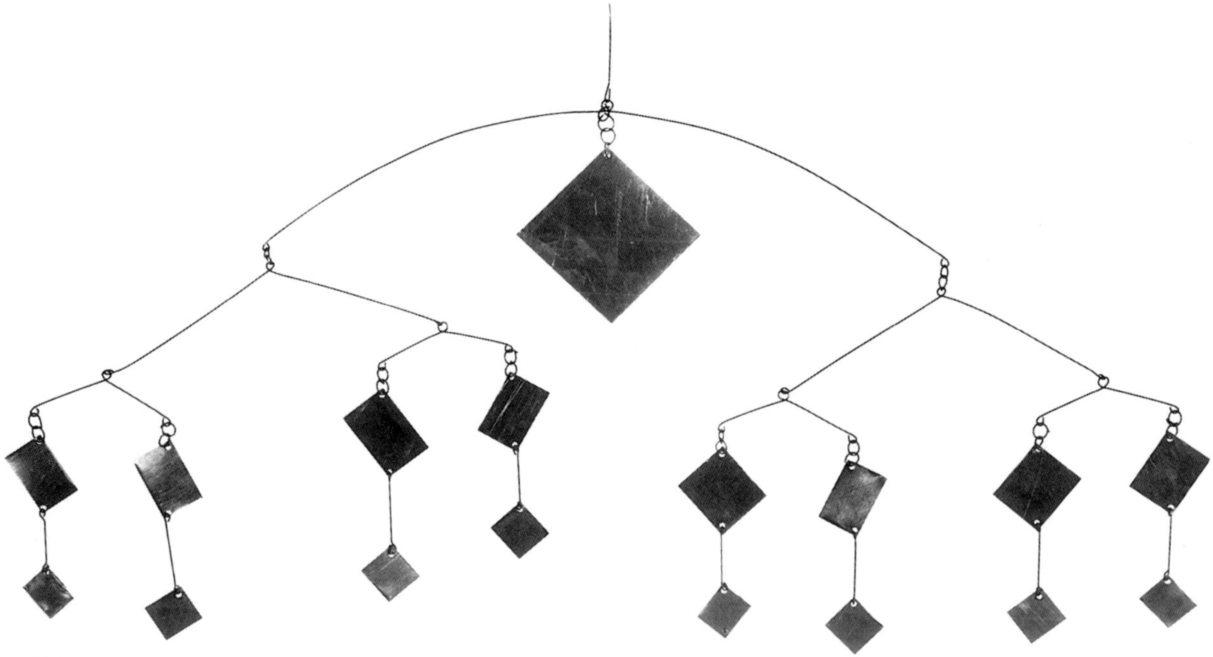

384

Mobiles

Mobiles sind bewegliche plastische Gebilde, die durch leichten Luftzug, durch Anblasen oder Anstoßen in Bewegung gesetzt werden. In der Bewegung treten die einzelnen Formteile in immer neue räumliche Beziehungen.
Das Grundelement des Mobile ist der um einen Punkt drehbar aufgehängte Hebel. Er bildet das Trägerelement, an welches Formteile als lastende Elemente angehängt sind. Tragen und Lasten, Balance und Bewegung sind die technischen Komponenten eines funktionstüchtigen Mobiles. Ein Mobile besitzt Gestaltqualität, wenn es funktionalen und formal-ästhetischen Anspruch erfüllt, d. h. zur Einheit von Form und Funktion findet.

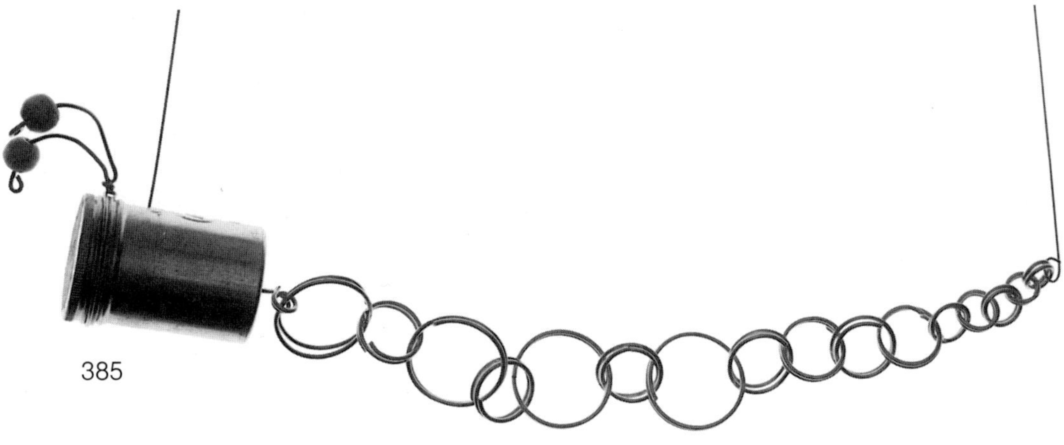

385

Marionetten

Marionetten sind bewegliche Figuren, die mit Fäden oder Drähten von oben geführt werden. Die hier gezeigten Marionetten sind hauptsächlich aus metallischen Werkstoffen wie Draht, Gewebe und Blech hergestellt. Der Charakter dieser Ausgangsmaterialien bestimmt auch die Form der Figuren. Eine Marionette, deren Körper aus einer Drahtspirale besteht, drückt Elastizität und Leichtigkeit aus, eine Blechdosen-Marionette wirkt dagegen kompakt und schwer, s. Abb. 391 und Abb. 392. Die Beispiele auf den folgenden Seiten zeigen, welche vielseitigen Gestaltungsmöglichkeiten der Werkstoff Metall für die Herstellung von Marionetten bietet.

Abb. 385: Zweifaden-Marionette. Der Kopf besteht aus einer Filmbüchse, der Körper aus einer Drahtkette, deren Doppelglieder ineinandergehängt werden. Der Draht für die beiden Fühler wurde um die Rillen des Büchsendeckels gewickelt.

Abb. 386 – 388: Einfaden-Marionetten. Die Aufgabenstellung bestand darin, aus der Spiralfeder eine einfache Spielfigur zu entwickeln, die an einer Schnur oder einem Draht von oben geführt wird. Als weitere Gestaltungselemente konnten Holzkugeln, Holzklötzchen und Rundholzabschnitte verwendet werden. Beim Bewegen federn die elastischen Körper auf und ab. Die Beine, die beweglich verbunden sind, führen Pendelbewegungen aus.

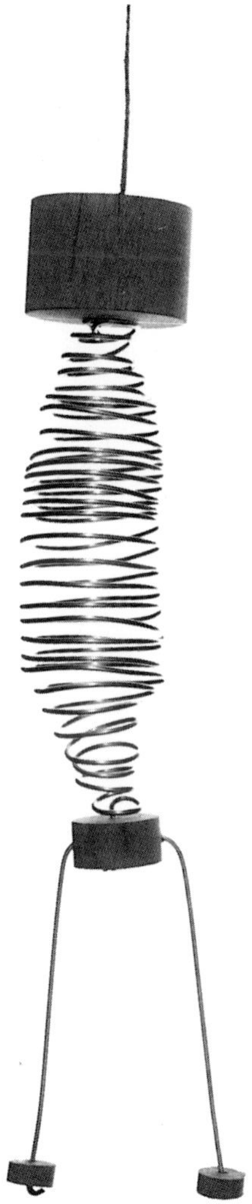

386

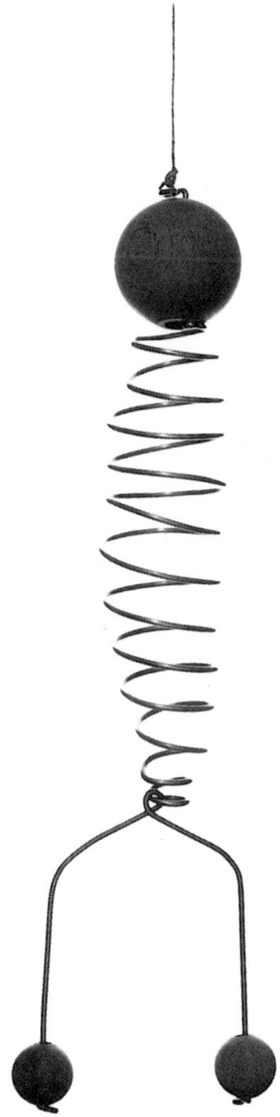

387

388

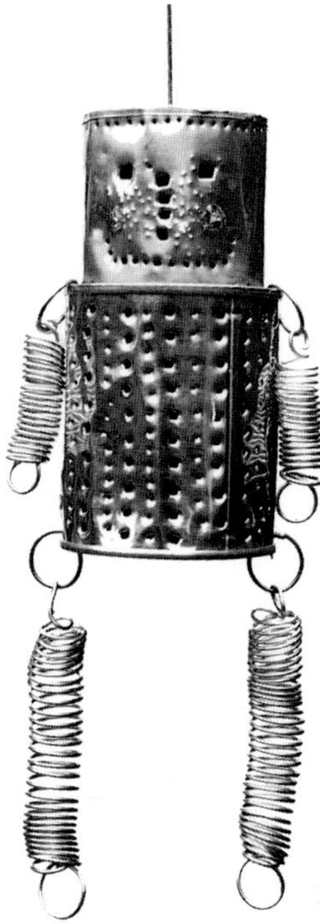

389

390

Abfallmaterialien aus Metall wie Konservendosen, Büchsen, Filmdosen, Flaschenverschlüsse sind geeignete Ausgangsformen für die Herstellung von Marionetten. Die zylindrische Grundform der Blechdose kann zum Beispiel als Kopf oder Rumpf dienen. Die vorgegebenen Formelemente werden einander zugeordnet und beweglich miteinander verbunden.
Abb. 389: Kopf und Rumpf dieser Einfaden-Marionette sind miteinander verlötet und die Formteile mit gelochten Musterungen versehen. Arme und Beine sind aus Drahtspiralen.
Abb. 390: Tiermarionette. Die für Kopf und Rumpf verwendeten Dosen wurden in der Mitte durchlocht und auf eine Drahtstange geschoben. Die Beine aus Draht und Rundholzscheiben sind beweglich gelagert.
Abb. 391, 392: Die beiden Marionetten aus Blechdosen eignen sich beim Spielen gut als Roboter, Monster oder Ritter. Alle Teile sind beweglich miteinander verbunden. Beim Bewegen erzeugen die Blechmarionetten entsprechende Geräusche.

391

392

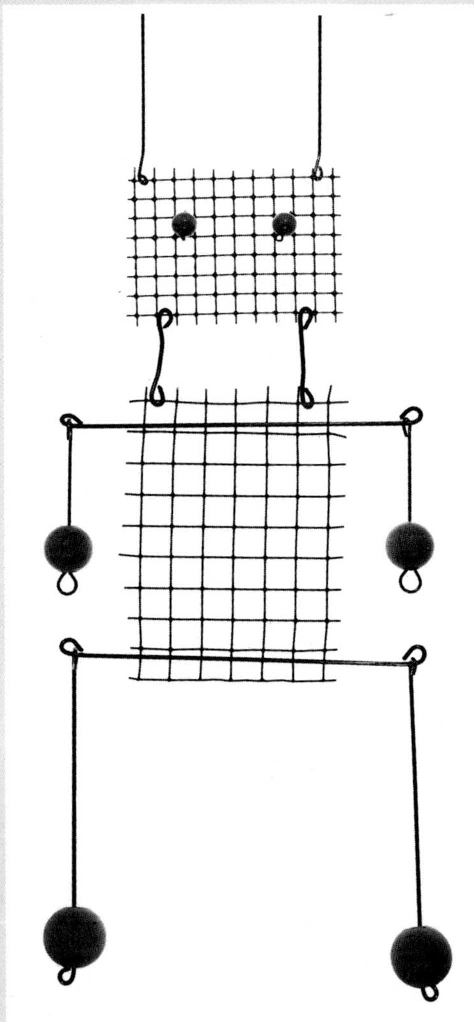

393

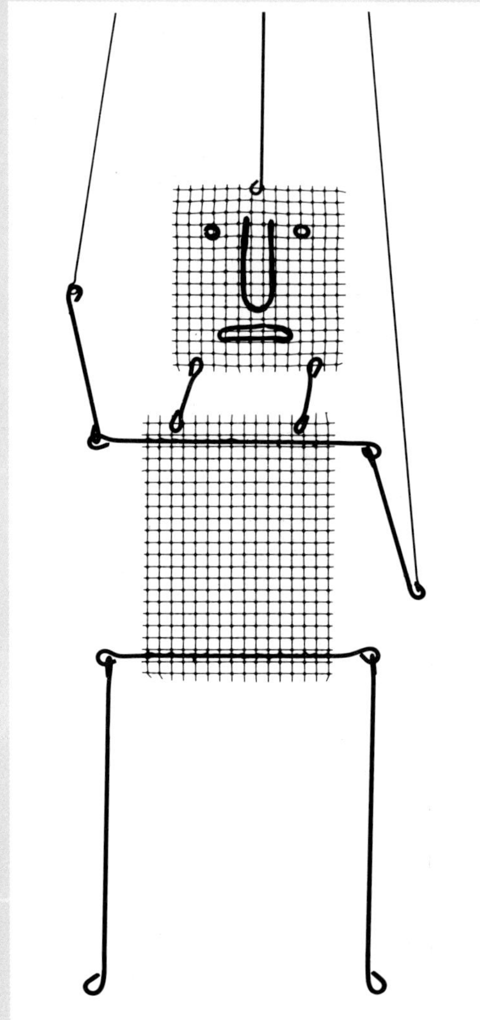

394

Abb. 393, 394: Marionetten aus Drahtgewebe mit flächenhaftem Charakter. In der gleichen Art lassen sich auch Schattenspielfiguren herstellen, wobei die Transparenz des Materials reizvolle Schattenwirkungen ergibt.

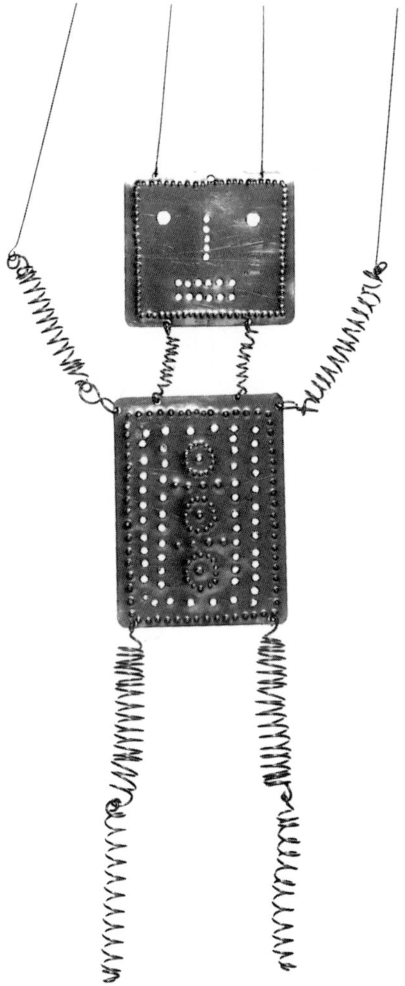

395

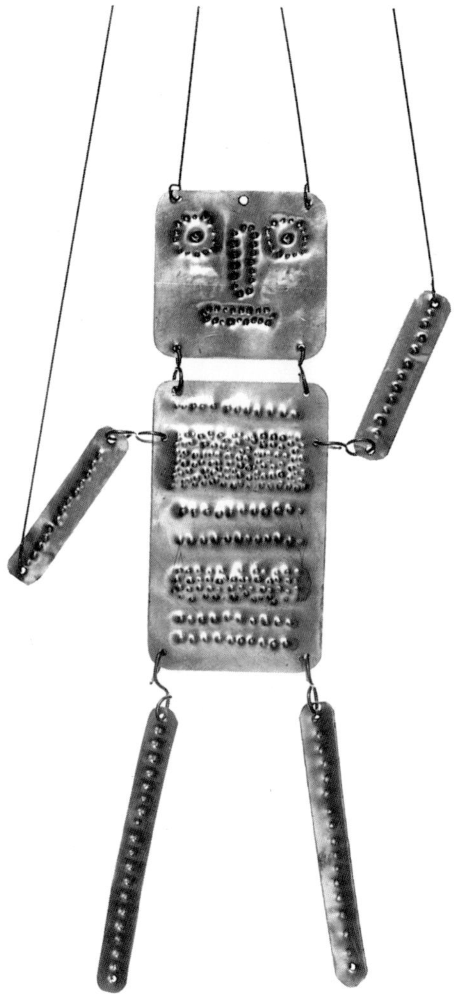

396

Abb. 395, 396: Marionetten aus dünnen Blechen. Bei der linken Figur sind Kopf und Rumpf gelocht, bei der rechten punziert. Material: Aluminiumblech, 0,2 mm (links), und Weißblech, 0,2 mm (rechts) stark.

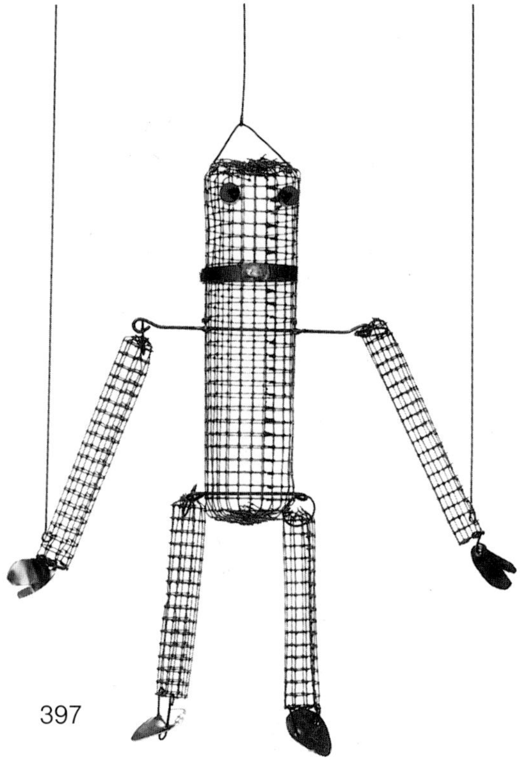

397

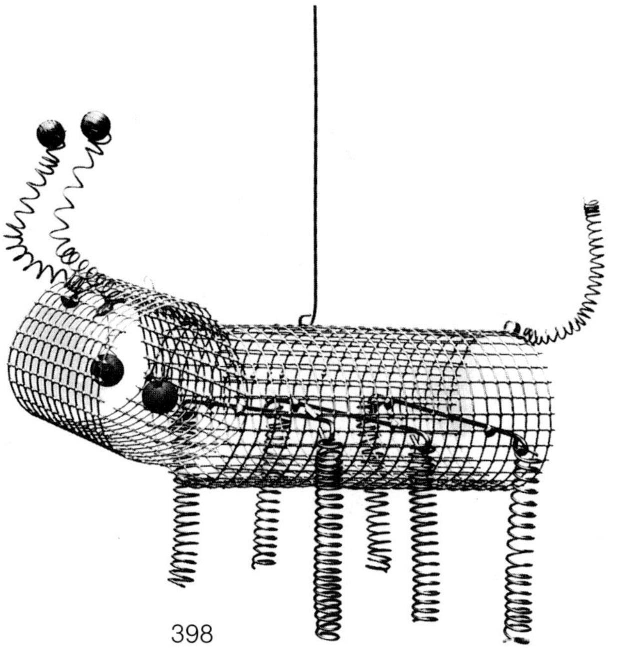

398

Der bildnerische Ausdruck der auf diesen beiden Seiten abgebildeten Marionetten wird im wesentlichen von dem verwendeten Material, dem Drahtgewebe, bestimmt. Die Struktur des Gewebes macht die Formen durchsichtig und leicht. Vorn und Hinten werden gleichzeitig wahrgenommen. Durch Überschneidungen ergeben sich reizvolle Wirkungen. Hinzu kommt der Aufbau der Figuren aus geometrischen Grundformen, die durch das Material bedingt sind.
Abb. 397: Dreifaden-Marionette. Die Arme werden geführt, die Beine machen Pendelbewegungen. Das Drahtgewebe wurde über Rundhölzern zu Zylinderformen gebogen.
Abb. 398: Tiermarionette, die an einem Draht geführt wird. Die sechs Beine aus Spiralformen sind mit Ösen beweglich gelagert. Einzelne Teile wie Kopf und Rumpf sind weich verlötet.

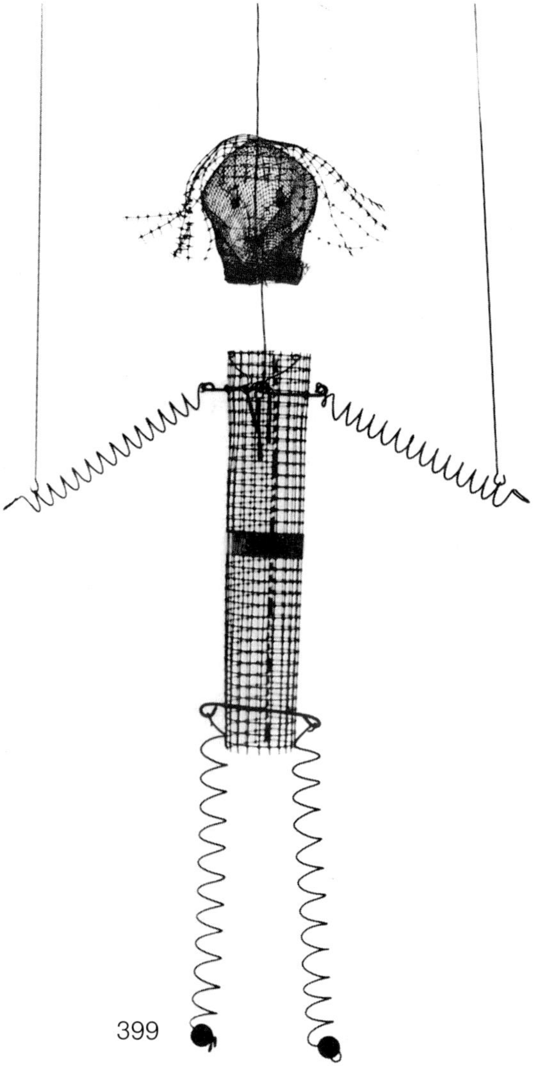
399

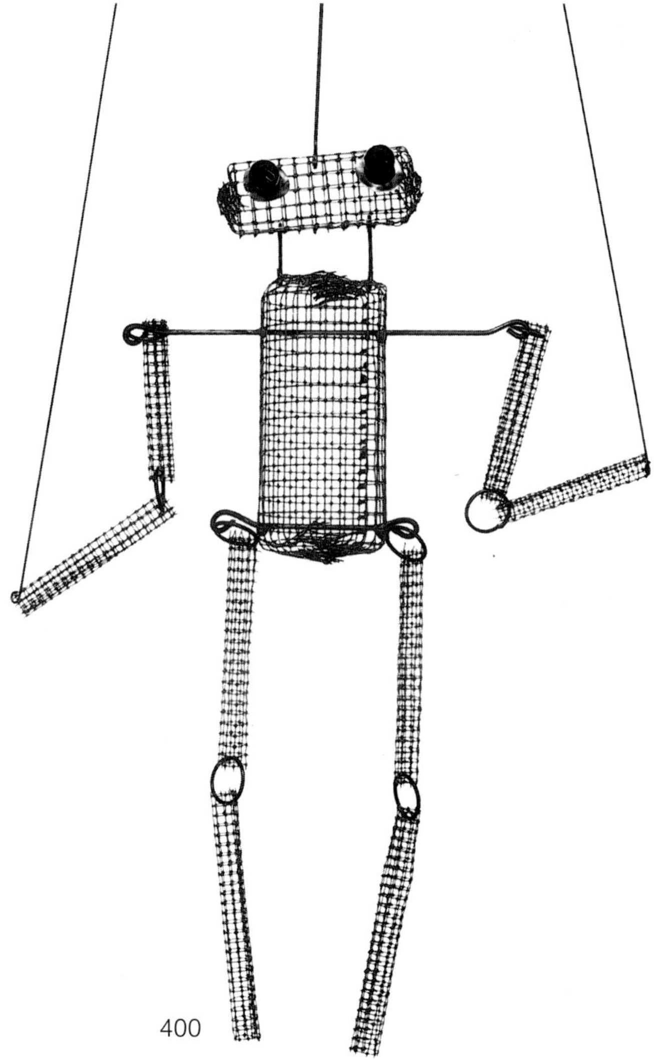
400

Abb. 399, 400: Der Kopf bei Abb. 399 wurde aus feinem Drahtgewebe geformt und beweglich mit dem Rumpf verbunden. Bei Abb. 400 sind Arme und Beine untergliedert. Ringe und Ösen bilden die Verbindungselemente. Die „Achsen" für die Arme und Beine sind am Rumpf angelötet.

Technische Hinweise

WERKSTOFFE

Aufgrund ihrer Eigenschaften teilt man die Metalle in folgende Gruppen ein: Eisen und Stahl, Schwer- und Buntmetalle, Leichtmetalle und Edelmetalle. Zu den Schwer- und Buntmetallen gehören Kupfer, Messing, Zink, Zinn, Blei und Bronze. Als Leichtmetall ist das Aluminium am bekanntesten. Gold, Silber und Platin zählen zu den Edelmetallen. Die Metalle kommen in vorgeformtem Zustand als sogenannte Halbfabrikate in den Handel.

Draht
Bei Drähten unterscheidet man weiche, halbharte und harte Drähte. Sie werden aus den verschiedensten Metallen und in unterschiedlichen Stärken hergestellt. Am gebräuchlichsten ist der verzinkte Stahldraht (Eisendraht). Er wird in Ringen und in Stangenform geliefert. Da er biegsam ist und nicht rostet, eignet er sich gut für Biege- und Lötarbeiten. Der geglühte Stahldraht (Bindedraht) ist weicher, rostet aber mit der Zeit. Seine Oberfläche ist durch eine Oxydschicht blau gefärbt.
Aluminiumdraht ist ein sehr weicher Draht, der sich gut biegen läßt. Beim Hämmern auf einer Schlagunterlage aus Metall erweist er sich als zäh und dehnfähig. Geeignete Stärken: 1–2,5 mm.
Kupfer-, Messing- und leonische Silberdrähte (versilberte Kupferdrähte) sind gut für Drahtschmuck geeignet. Wir verwenden hauptsächlich weiche und halbharte Drähte in den Stärken von 0,8–1,5 mm. Kupfer ist ein reines Metall, Messing dagegen eine Legierung aus Kupfer und Zink.
Federstahldraht ist ein sehr harter, hochelastischer Draht, der sich nur schwer biegen läßt.
Stahlschweißdrähte sind zum Schutz gegen Rost verkupfert. Sie werden in Stangenform geliefert.

Blech
Für einfache Blecharbeiten sind Stahlblech (Schwarzblech), verzinkte Stahlbleche, Zinkbleche, Weißbleche und Aluminiumbleche die geeignetsten Materialien. Sie sollten nicht zu dick sein, damit sie sich verformen lassen. Weißblech ist verzinntes Stahlblech. Es rostet nicht und läßt sich gut löten. Es wird in den Stärken 0,15 bis 1 mm geliefert. Zum Treiben von Gefäßen benutzt man am besten weiches Kupferblech in den Stärken von 0,8 oder 1 mm. Auch Messing und Tombakbleche sind geeignet. Bleche, die unter 0,2 mm stark sind, bezeichnet man als Folien. Aluminiumfolien lassen sich gut für Drückarbeiten verwenden.

Gewebe
Drahtgewebe gibt es u. a. aus Stahl-, Messing- und Kupferdraht, wobei das verzinkte Stahldrahtgewebe für das Metallwerken das gebräuchlichste ist. Das Gewebe besteht aus Drähten, die in Längsrichtung gespannt und durch Querdrähte wechselseitig verflochten sind. Die Form des Drahtgewebes wird durch Maschenweite und Drahtstärke bestimmt. Ein Drahtgewebe mit einer Maschenweite von 0,8 mm und einer Drahtstärke von 0,25 mm gehört z. B. zu den feinen Geweben. Punktgeschweißtes Gewebe eignet sich gut als Grundfläche für figurative Drahtarbeiten.

Stabmaterial
Stabmaterialien sind Metallprofile, die es in verschiedenen Werkstoffen gibt. Man unterscheidet Flachprofile, Winkelprofile, U-Profile und verschiedene andere Formen. Die in diesem Buch dargestellten Geräte sind aus Flachprofilen hergestellt. Als Materalien wurden hauptsächlich Aluminium- und Messingprofile in rechteckiger Form und blankgezogener Flachstahl eingesetzt.

WERKVERFAHREN

Biegen von Draht und Blech
Weiche Drähte und Bleche können wir mit der Hand biegen. Winkliges Biegen erfolgt mit der Flachzange, kreisförmiges mit der Rundzange. Für eine gleichmäßige Formgebung werden auch Rundstäbe verwendet. Wellenbiegungen von Draht und Blechstreifen können mit Hilfe von Biegeschablonen (Faulenzer) durchgeführt werden. Hierzu werden Rundstäbe in ein Brettstück in Reihe eingedübelt. Scharfkantiges Biegen von Blech bezeichnet man als „Abkanten", zylindrisches Formen nennt man „Runden". Das Abkanten von Blech erfolgt im Schraubstock mit dem Hammer. Das Blechstück kann auch zwischen zwei Hartholzleisten oder zwei Stücke stärkeren Bandstahl mit Schraubzwingen eingespannt und umgeklopft werden. Für längere Blechstücke ist eine Abkantbank erforderlich. Bleche, die zylindrisch geformt werden sollen, biegen wir über stärkeren Rundhölzern oder Rohrstücken, die im Schraubstock eingespannt werden.

Trennen von Blech und Draht
Zum Durchtrennen von Drähten können wir folgende Werkzeuge benutzen: Seitenschneider, Vorschneider und Kombizange. Für stärkere Drähte ist der Hebelschneider geeignet. Dünnes Blech bis zu einer Stärke von etwa 0,4 mm wird mit einer leichten Blechschere, der sogenannten Goldarbeiterschere, geschnitten. Stärkere Bleche schneidet man mit einer Handschere. Dabei wird die Schere so gehalten, daß die Anrißlinie zu sehen ist. Kreisflächen werden von links nach rechts geschnitten, damit das Obermesser der Blechschere die Rißlinie nicht verdeckt. Für lange gerade Schnitte benutzt man die Durchlaufschere. Ist das Blech über 1,2 mm stark, muß eine Hebelschere eingesetzt werden.

Strecken von Draht und Blech
Draht, der von der Rolle gewickelt wird, ist meistens etwas verbogen. Durch Strecken wird er gerade und steif. Wir spannen ein Ende des Drahtes in den Schraubstock und ziehen das andere Ende mit einer Flachzange mehrmals ruckartig an. Bleche, die verbogen sind, werden mit einem Gummi- oder Plastikhammer gerichtet. Als Unterlage benutzt man eine Stahlplatte oder einen Amboß.

Lochen
Dünne Aluminium- und Weißbleche eignen sich gut zum Durchschlagen und Lochen. Als Werkzeuge können Nägel, Vorstecher und scharf angeschliffene Durchschläge genommen werden. Als Unterlage dient eine Dämmplatte. Für stärkere Bleche ist eine Hirnholzunterlage erforderlich.
Bohren
Beim Bohren muß das Werkstück fest eingespannt sein, damit es sich nicht mitdrehen kann (Schraubstock, Schraubzwinge). Der Mittelpunkt des Bohrlochs wird angerissen und gekörnt, um ein „Verlaufen" des Bohrers zu verhindern. Als Werkzeuge zum Bohren können Handbohrmaschinen und elektrische Bohrmaschinen benutzt werden.

Sägen
Die Metallsäge hat ein auswechselbares Sägeblatt. Sie arbeitet auf Stoß. Zum Sägen wird das Werkstück möglichst kurz in den Schraubstock eingespannt, so daß die Schnittstelle dicht an den Backen des Schraubstocks liegt. Das Ansägen geschieht an der hinteren Kante des Werkstücks. Für feinere Arbeiten eignen sich die Pucksäge mit Metallsägeblatt und auch die Laubsäge mit Metallsägeblättchen.

Feilen
Die Feilen werden nach Größe, Form und Hieb unterschieden. Grundsätzlich feilen wir zuerst mit einer groben Feile und glätten mit einer Schlichtfeile. Das Werkstück wird wie beim Sägen kurz in den Schraubstock eingespannt, damit es nicht federt.

Drücken und Punzieren
Für Metalldrückarbeiten ist die Aluminiumfolie der geeignete Werkstoff. Um Linien oder Flächen reliefhaft einzudrücken, benutzen wir am besten angespitzte Hartholzrundstäbe, zur Not Kugelschreiber und Bleistift. Eine weiche Unterlage aus Zeitungen ermöglicht das Eindrücken. Zum Punzieren werden dünne Bleche bis zu 0,3 mm Stärke verwendet. Als Werkzeuge für Strukturen und Musterungen dienen Metallpunzen. Sie können aus Schweißdrähten oder Nägeln selbst hergestellt werden. Die Punzen können quadratisch, kreis- oder kugelförmig gefeilt werden. Als Unterlage dient eine Strohpappe oder eine Hartfaserplatte.

Auftiefen und Aufziehen von Gefäßen
Geeignete Materialien sind weiches Kupferblech, Messingblech, Tombakblech, 0,8 oder 1 mm stark. Zum Auftiefen einer Gefäßform benötigt man ein Hartholz, in das auf der Hirnholzseite eine Mulde gestochen ist. Die aus Blech zugeschnittene Kreisscheibe wird aufgelegt und mit dem Treibhammer ausgebeult. Dabei arbeitet man von der Kreismitte spiralförmig nach außen. Nach mehreren Arbeitsgängen wird das Material durch den Streckvorgang hart und spröde, so daß es ausgeglüht und gebeizt werden muß. Beim Auftiefen werden die Wand- und die Bodenfläche stark gedehnt, die Randzonen dagegen bleiben fast unverändert.
Zum Aufziehen benötigt man einen Sickenhammer und ein sogenanntes „Sattelholz“, das aus einem Hartholzstück mit einer runden Kerbrille besteht. Auf dem Sattelholz wird das Blech vom Bodenrand beginnend in Falten gelegt und anschließend quer dazu wieder glatt geschlagen. Faltenschlagen und Glätten, Strecken und Stauchen wiederholen sich so lange, bis die gewünschte Form erreicht ist. Zwischenglühen und Beizen ist nach Bedarf öfters zu wiederholen.

Weichglühen
Ein Metall, das gehämmert, gebogen, gestaucht und gereckt wird, verändert sich in seiner Struktur. Es wird härter und spröder. Um seinen ursprünglichen Zustand wieder herzustellen, glüht man es aus. Zum Erhitzen bis zur Dunkelrotglut benutzt man Bunsenbrenner, Lötlampe oder Flaschengasbrenner. Nach jedem Zwischenglühen muß das Werkstück gebeizt werden, um die Zunderschicht zu entfernen, die sich beim Ausglühen gebildet hat. Als Mittel zum Beizen verwendet man verdünnte Schwefelsäure im Verhältnis 1:10. Das Abkühlen kann bei Kupfer, Messing und bei nicht härtbarem Stahl in Wasser erfolgen.

Schleifen und Polieren
Zum Schleifen verwenden wir feines Schmirgelleinen. Gibt man auf seine Fläche noch etwas Maschinenöl, so ist die Schleifwirkung besonders fein. Auch Stahlwolle und Schleifpaste sind geeignete Schleifmittel. Eine glänzende

Oberfläche wird durch Polieren erzeugt. Poliermittel wie Wienerkalk oder Polierrot werden mit einem Filz- oder Wolltuch aufgetragen.

Oberflächenbehandlung und Oberflächenschutz
Um eine Metallfläche vor Verfärbung und Korrosion zu schützen, wird sie mit einem Überzug von Zaponlack versehen. Vor dem Zaponieren muß das Metall von Fett und Öl gereinigt sein. Ein geeignetes Reinigungsmittel ist Nitroverdünnung. Der Lack wird mit einem weichen Pinsel aufgetragen. Werkarbeiten aus Kupfer, Messing und Tombak können durch Färben in ihrer Oberflächenwirkung verändert werden. Ein geeignetes Mittel hierzu ist die Schwefelleberlösung. Man löst 1 cm^3 Schwefelleber in 1 Liter heißem Wasser auf und taucht die Gegenstände so lange hinein, bis der gewünschte Farbton erreicht ist.

Nieten
Das Nieten dient dem festen Verbinden von Metallteilen. Wir verwenden Nieten aus weichen Materialien (Kupfer, Aluminium), die sich gut stauchen lassen. Der Niet besteht aus Kopf und Schaft. Es gibt Rundkopf-, Flachkopf- und Versenkkopfnieten in verschiedenen Größen. Die Arbeitsvorgänge beim Nieten sind: Bohren oder Lochen, Nietenziehen, Vorstauchen, Vorformen und Ausformen des Schließkopfes. Als Werkzeuge benötigt man Hammer, Nietzieher, Nietkopfmacher und eine Metallunterlage. Der Niet sollte so lang sein, daß sein Schaftende um etwa $1\,^1/_4$ des Schaftdurchmessers aus dem Bohrloch herausragt.

Weichlöten (bis 450°) und Hartlöten (über 450°)
Zum Weichlöten werden folgende Werkzeuge und Hilfsmittel benötigt: elektrischer Lötkolben (80 und 150 Watt), Lötzinn, Lötfett oder Lötwasser als Reinigungs- und Flußmittel und ein Salmiakstein. Als vorteilhaft hat sich beim Löten eine Dauerlötspitze (ERSA-DUR) erwiesen. Die Dauerspitze zundert nicht, behält ihre vorgegebene Spitzenform, läßt sich leicht auswechseln und braucht nicht wie die gewöhnliche Spitze mit Salmiakstein oder Feile behandelt zu werden. Der Lötvorgang: Die Lötstelle wird von Oxyd, Fett und Schmutz mit Feile und Schmirgelleinen gereinigt. Anschließend wird das Lötfett als Fluß- und Reinigungsmittel aufgetragen. Die Lötstelle wird erwärmt, bis das Lot schmilzt und verläuft. Danach dürfen die Teile bis zum Erstarren des Lots nicht bewegt werden. Folgende Metalle können weich gelötet werden: Weißblech, Zinkblech, verzinktes Stahlblech, Kupfer und Messing. Aluminium können wir mit Zinn nicht löten.
Die Hartlötungen erfordern höhere Schmelztemperaturen. Sie sind fester als Weichlötungen. Als Werkzeuge können wir Flaschengasbrenner, Lötpistolen und Schweißbrenner mit weich eingestellter Flamme benutzen. Das Hartlot besteht aus einer Legierung von Kupfer und Silber. Als Flußmittel wird eine Hartlotpaste verwendet.

GIESSEN

Gießverfahren eignen sich als Vervielfältigungsverfahren zur seriellen Herstellung gleicher Formen.
Beim Gießen unterscheidet man den Vollguß und den Hohlguß. Vollgußformen lassen sich relativ leicht herstellen. Der Hohlguß ist komplizierter, da ein zusätzlicher „Kern“ den Hohlraum des Gußstückes ausfüllen muß. Wir beschränken uns in diesem Buch auf den Vollguß.

Das Gießen gliedert sich in drei Arbeitsschritte: das Herstellen der Gußform, das Schmelzen des Metalls und das Gießen selbst.

Für Gießformen verwenden wir dünnes Kupferblech, Gips, Schiefer und Speckstein. In diese Materialien wird das Motiv negativ eingedrückt (Kupferblech), eingeschnitten oder eingeritzt (Gips, Schiefer, Speckstein). Gußformen aus Gips sollten vor dem Gießen mit einer Kerzenflamme berußt werden, damit beim Zusammentreffen mit dem heißen Metall keine Gasblasen entstehen.
Als Gießmaterial verwenden wir Lötstangenzinn, eine Zink-Blei-Legierung, die bei ca. 180°–200° schmilzt. Das Metall wird am besten in einem alten Soßenlöffel geschmolzen, der sich gut handhaben und ausgießen läßt. Der Löffel sollte während des Erhitzens fixiert werden. Man kann hierzu aus Schweißdraht einen Lagerbock biegen oder auch den Stiel des Löffels in den Schraubstock einspannen. Als Wärmequelle eignen sich Bunsenbrenner, Flaschengasbrenner, Lötlampe oder Schweißbrenner mit weicher Flamme.
Wenngleich das Gießen ungefährlich ist, sollte man vorsichtig zu Werke gehen und aus Sicherheitsgründen dicke Handschuhe und eine Schutzbrille tragen. Das heiße Metall wird aus möglichst geringer Höhe langsam in die Gußform gefüllt, ohne daß es spritzt. Die Gußform legt man am besten auf eine hitzebeständige Unterlage, ein Stück Eternit oder dickes Blech. Ansonsten genügt es, den Arbeitsplatz mit mehreren Lagen Zeitungspapier abzudecken.

EMAILLIEREN

Die hier gegebenen technischen Hinweise ergänzen die im Kapitel „Emaillieren“ beschriebenen Verfahren.

Der Arbeitsplatz

An Gerät, Werkzeug und Hilfsmitteln werden benötigt: Ein Email-Brennofen, möglichst bis 900° brennend mit Brennrost als Auflage für das Brenngut; Brennzange oder Brenngabel zum Beschicken des Ofens und zur Entnahme des heißen Rostes nach dem Brand; Flachzange, Rundzange, Messer, Spachtel, Pinsel, Emailsieb (feinmaschiges Teesieb), Metallfeile, Carborundumfeile; eine hitzebeständige Ablage (starkes Blech, Eternit, Keramikplatte); Haftmittel (Tragant), Stahlwolle, Schleifleinen, Essig, Kochsalz.

Die Emailfarben

Grundsubstanz aller Emails ist das Fondant, ein farbloser transparenter Glassatz. Durch Zusatz von Metalloxyden gewinnt man farbiges Transparentemail, wird Zinnoxyd zugesetzt, entsteht Opakemail. Emailfarben können in Schichten übereinander aufgeschmolzen werden. Farbveränderungen erreicht man durch Überschmelzen opaker Emails mit Transparentemail. Transparente Emails können auch allein verwendet werden. Fondant, als dünne Schlußschicht aufgetragen, ergibt eine besonders glatte Oberfläche.
Emails sind in mehreren Formen im Handel. Die wichtigsten sind: Pulveremail, Granulat, Stückemail, Fadenemail. Die gebräuchlichste Form ist Pulveremail. Pulveremailfarben müssen gegen Schmutz und Luftfeuchtigkeit geschützt werden. Man bewahrt sie am besten im Glasbehälter mit Glasstopfen oder Schraubverschluß auf. Die Gläser werden beschriftet. Zusätzlich sollte eine Brennprobe aufgeklebt werden, aus der ersichtlich ist, wie das Email farblich aufbrennt.

Der Emailliergrund

Am gebräuchlichsten ist Kupferblech, 0,8–1 mm stark. Der Metallträger muß grundsätzlich stärker sein als die Emailschicht. Bei dünneren Blechen muß gegenemailliert werden. Das Metall ist vor dem Emaillieren gründlich mit Stahlwolle zu reinigen und zu entfetten. Man legt es für kurze Zeit in eine Lösung von Essig und Kochsalz, spült mit klarem Wasser und trocknet mit einem Lappen. Die gereinigte Fläche sollte mit den Fingern wegen des Hautfetts nicht mehr angefaßt werden.

Der Pulverauftrag
Den gereinigten Metallträger legt man zum Aufsieben am besten auf einem Holzklötzchen erhöht auf einen Zeichenkarton. Das Pulveremail wird mit einem feinmaschigen Sieb auf den Metallträger aufgebracht. Eine dichte gleichmäßige Schicht erzielt man am besten, wenn man leicht gegen den Rand des Siebes klopft. Überschüssiges Pulver kann vom Karton in den Behälter zurückgeschüttet werden. Bei Gefäßen mit steilen Wänden muß zuvor Haftmittel aufgetragen werden, damit das Pulver nicht abrutscht.

Der Naßauftrag
Bei der Verwendung von Transparentemail sollte das Emailpulver geschlämmt werden, damit die Farben rein und leuchtend aufbrennen. Das Emailpulver wird in einem kleinen Gefäß mit Wasser übergossen. Nachdem sich das Email gesetzt hat, gießt man das Wasser ab und spült so lange nach, bis das Wasser klar bleibt. Bei kalkhaltigem Wasser ist eine letzte Spülung mit destilliertem Wasser angebracht. Die nasse Farbe wird mit einem Pinsel oder einem kleinen Spachtel aufgetragen.

Das Brennen
Die Emails müssen vor dem Brennen vollständig durchgetrocknet sein. Der Ofen wird vorgeheizt, der Brennrost mit den Rohlingen in den Ofen geschoben. Die Brenndauer beträgt 2 bis 5 Minuten. Zur Kontrolle des Brennvorgangs kann die Klappe des Ofens geöffnet werden. Bei Rotglut ist der Schmelzprozeß abgeschlossen. Die Werkstücke werden aus dem Ofen genommen und können an der Luft abkühlen.

ÄTZEN

Die Ätzverfahren sind im Kapitel „Ätzen“, Seite 95, beschrieben. Hierzu ergänzende technische Hinweise:
Zum Ätzen geeignete Bleche sind in erster Linie Kupfer-, Messing-, Tombak- und Zinkblech. Am gebräuchlichsten ist Kupferblech. Zum Abdecken wird Asphaltlack verwendet, den man mit einem weichen Pinsel aufträgt. Asphaltlack wird von Säure nicht angegriffen. Lösungsmittel ist Terpentinersatz.
Als Ätzflüssigkeit verwendet man Salpetersäure oder Eisen-Chlorid. Salpetersäure wird im Verhältnis 1:3 verdünnt. Achtung: Die Säure wird ins Wasser gegossen, niemals umgekehrt! Da das Ätzen mit Säure nicht ganz ungefährlich ist, empfiehlt es sich, das säurefreie Eisen-III-Chlorid zu verwenden. Es ist als feste Masse in Kugelform im Handel und wird mit Wasser im Verhältnis 1:4 aufgelöst. Das Ätzen mit Eisen-Chlorid hat außerdem den Vorteil, daß sich keine Gase und somit keine Blasen bilden.
Als Gefäße eignen sich Schalen aus Glas, Porzellan, Keramik oder säurefestem Kunststoff. Metallgefäße scheiden aus.
Das mit Asphaltlack präparierte Werkstück wird mit einer Kunststoffpinzette oder einer Kunststoffzange vorsichtig in die Ätzflüssigkeit gelegt. Der Ätzvorgang dauert je nach gewünschter Ätztiefe bis zu 6 Stunden. Hier sollte man mehrmals kontrollieren. Das fertige Werkstück wird mit Pinzette oder Zange aus der Schale genommen, unter fließendem Wasser abgespült und mit einem Lappen getrocknet. Der Asphaltlack läßt sich mit Terpentinersatz entfernen. Gebrauchte Ätzflüssigkeit kann wiederverwendet werden, sie hat jedoch an Konzentration verloren.
Beim Ätzen sollte man zur Sicherheit Gummihandschuhe und eine Schutzbrille tragen. Säurespritzer auf der Haut sind unter fließendem Wasser sofort abzuspülen. Da beim Ätzen mit Salpetersäure Dämpfe entstehen, ist für gute Belüftung zu sorgen. Der Arbeitsplatz braucht nicht besonders hergerichtet zu werden. Es genügt eine Unterlage aus mehreren Lagen Zeitungspapier.